Das Skelett

VCH

Anatomie und Physiologie des Menschen

15 Lehrprogramme

1. Die Zelle
2. Das Skelett
3. Die Muskulatur
4. Herz und Kreislaufsystem
5. Das Abwehrsystem
6. Das Atmungssystem
7. Die Verdauungsorgane
8. Nieren und ableitende Harnwege
9. Die Fortpflanzungsorgane
10. Die Fortpflanzung des Menschen
11. Das Endokrinsystem
12. Ernährung und Stoffwechselsystem
13. Das Nervensystem
14. Die Sinnesorgane
15. Die Haut

Vertrieb:
VCH, Postfach 101161, D-6940 Weinheim (Bundesrepublik Deutschland)
Schweiz: VCH, Postfach, CH-4020 Basel (Schweiz)
United Kingdom und Irland: VCH (UK) Ltd., 8 Wellington Court, Cambridge CB1 1HZ (England)
USA und Canada: VCH, Suite 909, 220 East 23rd Street, New York, NY 10010-4606 (USA)

ISBN 3-527-25731-4

Band 2

Das Skelett

David F. Culclasure

VCH

Original English language edition published by
Prentice-Hall, Inc., Englewood Cliffs, New Jersey, USA

Dieser Band wurde übersetzt von Dr. W. Puhl, Heidelberg

1. Auflage 1971
   1. Nachdruck 1976
2., verbesserte Auflage 1977
   Bearbeitung: I. Harth und M. Roser
   1. Nachdruck 1984
   2. Nachdruck 1991
   3. Nachdruck 1993

CIP-Kurztitelaufnahme der Deutschen Bibliothek

Culclasure, David F.:
Anatomie und Physiologie des Menschen:
15 Lehrprogramme von David F. Culclasure. - Weinheim; Basel (Schweiz);
Cambridge; New York, NY: VCH.
Einheitssacht.: A programmed approach to anatomy und physiology (dt.)
ISBN 3-527-26243-1
ISBN 3-527-25711-X (Gültig für d. 1. Aufl.)
ISBN 3-527-25730-6 (Gültig für d. 2. Aufl.)
Bd. 2. Das Skelett / [dieser Bd. wurde übers. von W. Puhl]. -
2., verb. Aufl. / bearb. durch I. Harth und M. Roser, 3. Nachdr. - 1993
ISBN 3-527-25731-4
NE: Harth, Ingrid (Bearb.)

Satz und Druck: Schwetzinger City-Druck, D-6830 Schwetzingen
Buchbinder: Aloys Gräf, D-6900 Heidelberg
Printed in the Federal Republic of Germany

Inhaltsverzeichnis

Einführung in das Programm

Das im vorliegenden Heft behandelte Thema ist anders als in üblichen Lehrbüchern dargestellt. Statt Sie, den Lernenden, mit einer Unmenge von Material zu konfrontieren, das Sie – um rationell lernen zu können – erst ordnen müssen, ist dieser Text so aufgebaut, daß er zugleich als Lehrmeister fungiert. Das Hauptthema ist in kleine logische Lernschritte aufgeteilt, deren Aufeinanderfolge Ihrem individuellen Lernbedarf angepaßt ist. Zeigen Sie sich nämlich mit einem vorgegebenen Thema vertraut, haben Sie automatisch Zugang zu weiterem Lehrstoff. Können Sie andererseits aus der in einem Lernschritt oder einer Themenfolge gegebenen Information keine klare Konzeption erarbeiten, wird Ihnen zusätzliches Material zugewiesen, das die Beherrschung des betreffenden Gegenstandes erleichtern und beschleunigen soll. Dieses Verfahren wird als innere Programmierung bezeichnet, wobei der von Ihnen zu bearbeitende Text das Programm darstellt. Die Bezeichnung „innere" rührt daher, daß in die Lernfolge verschiedene Optionen (Möglichkeiten zur eigenen Entscheidung) eingebaut sind, mit denen Sie selbst Ihren Fortschritt bestimmen können. Die Fragen, die Sie zu diesem Zwecke beantworten sollten, sind so angelegt, daß Ihr Verständnis in den jeweils wichtigsten Punkten geprüft wird.

Zur Technik folgendes:

1. Sie, als der Lernende, werden mit einer einzelnen, in sich geschlossenen Information oder mit einem Konzept konfrontiert, das Sie beherrschen müssen (das ist dann ein Lernschritt).

2. Nachdem Sie Gelegenheit hatten, die Information aufzunehmen, wird durch Fragen festgestellt, ob Sie sie verstanden haben. Jeder Lernschritt endet mit einer Auswahl themenbezogener Fragen, denen Antwortmöglichkeiten zugeordnet sind, die ihrerseits mit einer Seitenangabe versehen sind. Nachdem Sie sich für eine bestimmte Antwort entschieden haben, fahren Sie auf der angegebenen Seite fort.

3. War Ihre Antwort richtig, so wird Ihnen das auf der betreffenden Seite bestätigt, worauf Ihnen dann der Stoff des nächsten Lernschritts angeboten wird. Wählten Sie jedoch eine falsche Antwort, so wird Ihnen auf der angegebenen Seite entweder zusätzliche Information mitgeteilt, oder Sie werden auf die Seite zurückverwiesen, von der Sie ausgingen, oder aber Sie werden zu weiteren Hilfsmitteln hingeführt.

4. Das Programm ist so angeordnet, daß Sie nur dann Zugang zu neuen Informationen, Ideen oder Konzepten haben, wenn Sie den vorhergehenden Lehrstoff wirklich beherrschen; dadurch wird sichergestellt, daß Sie sich den Text wirklich angeeignet und ihn nicht nur gelesen haben.

Sie werden beim Lernen mit diesem programmierten Text den Eindruck gewinnen, mit einem Privatlehrer zu arbeiten. Sie erhalten Informationen in kurzer klarer Form, werden über Ihr Verständnis des Gelernten befragt und erhalten – wenn nötig – zusätzlichen erklärenden Lehrstoff. Sie werden selbst einsehen, daß somit die Schnelligkeit Ihres Lernfortschritts von Ihrer Fähigkeit abhängt, auf die Fragen richtig zu antworten, was wiederum davon abhängt, wie gut Sie das in jedem Lernschritt gebotene Material lernen.

Eingangstest

Ehe Sie mit dem ersten Lernschritt des Programms beginnen, nehmen Sie sich bitte die Zeit, den Eingangstest zu bearbeiten. Das Ergebnis wird Ihnen zeigen, wieviel Sie von der Anatomie und Physiologie des Skeletts bereits wissen, und ein späterer Vergleich mit dem Ergebnis des Abschlußtests wird Ihnen die Möglichkeit geben, den Erfolg Ihres Studiums selbst zu beurteilen. Die richtigen Antworten zum Test finden Sie am Ende des Heftes. Bewahren Sie das Testergebnis gut auf, damit Sie einen Vergleich mit dem am Schluß des Programms geforderten Abschlußtest durchführen können. Benutzen Sie für Ihre Antworten leere Einlegeblätter.

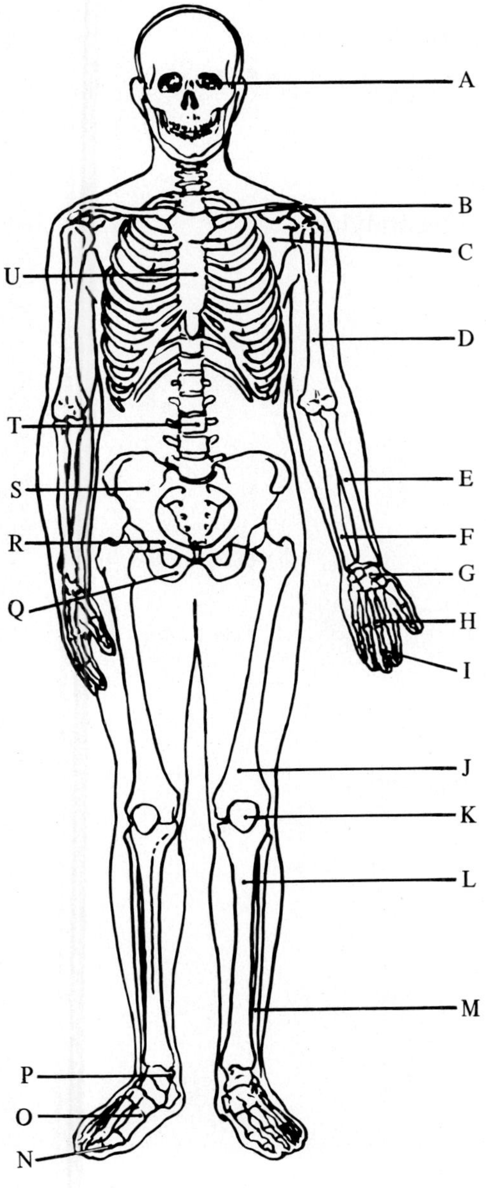

1. Wie heißen die in der Abbildung auf der linken Seite des Blattes mit A bis U bezeichneten Knochen?

A .... B ....

C .... D ....

E .... F ....

G .... H ....

I .... J ....

K .... L ....

M .... N ....

O .... P ....

Q .... R ....

S .... T ....

U ....

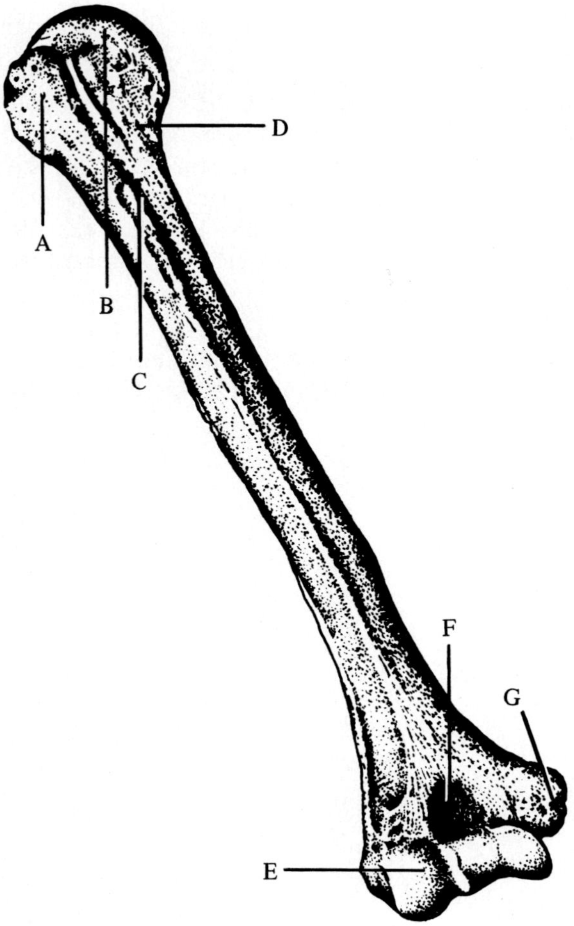

2. Ordnen Sie die Buchstaben der nebenstehenden Abbildung eines typischen langen Röhrenknochens dem entsprechenden unten aufgeführten Begriff zu.

.... Fossa

.... Tuberculum

.... Capitulum

.... Caput

.... Sulcus

.... Collum

.... Epicondylus

3. Nennen Sie fünf Hauptfunktionen des lebenden Knochengewebes.

a) ....   d) ....

b) ....   e) ....

c) ....

4. Was befindet sich in dem zentralen Hohlraum eines Knochens?

....

5. Was befindet sich in dem spongiösen Knochengewebe an den Enden der Knochen?

....

6. Welcher Teil der Knochen besteht aus kompaktem Knochengewebe?

. . . .

7. Wo findet man spongiöses Knochengewebe?

. . . .

8. Welcher Teil des Knochens wird Diaphyse genannt?

. . . .

9. Welche Teile des Knochens werden Epiphysen genannt?

. . . .

10. Welches Gewebe bedeckt die äußere Oberfläche des Knochens?

. . . .

11. Welche Arten von Zellen finden wir im Knochengewebe?

. . . .

12. Wieviele Knochen hat das menschliche Skelett?

. . . .

13. Knochen werden nach ihrer Form in vier Gruppen eingeteilt. Wie heißen sie?

. . . .

14. Für welche der Gruppen (von Knochen) ist ein Wirbel ein Beispiel?

. . . .

15. Welche Knochenart besteht aus zwei Schichten kompakten Knochenmaterials, zwischen denen eine dünne Schicht Spongiosagewebe liegt?

. . . .

16. Wie heißt das Bauelement des Skeletts, das zwei Knochen beweglich miteinander verbindet?

. . . .

17. Welche Gebilde erleichtern das Gleiten von Muskeln oder Sehnen über Knochen oder Bänder?

....

18. Aus wievielen Hauptteilen besteht das menschliche Skelett, wie heißen sie?

....

19. Zu welchem Teil des Skeletts gehören die Schädelknochen?

....

20. Zu welchem Teil des Skeletts gehören die Ossa tarsalia?

....

21. Welches sind die wichtigsten Knochen des Gesichts?

....

22. Welcher Knochen ist der größte und stärkste Gesichtsknochen?

....

23. Welcher Knochen formt die Wangenregion?

....

24. Welcher Knochen des Achsenskeletts ist nur durch Muskeln und Bänder mit anderen Knochen verbunden?

....

25. Welche beiden Knochen bilden den Unterarm?

....

26. Die Ulna artikuliert proximal (d. h. ist rumpfwärts durch Gelenk verbunden) mit .... und ....

27. Jeder Finger (mit Ausnahme des Daumens) hat .... Phalangen.

28. Die untere Extremität wird gebildet aus ...., ..., ..., ..., ... und ....

29. Die Schambeine sind auf der Vorderseite durch die Symphyse verbunden und bilden so den . . . .

30. Die beiden Hüftbeine (Ossa coxae) sind mit dem Kreuzbein (Os sacrum) im Ileo-Sacralgelenk verbunden und schließen damit den . . . .

31. Das . . . . ist der längste Knochen des Körpers.

32. Trochanter major und minor sind Strukturen, die am . . . . gefunden werden.

33. Der größere der beiden Unterschenkelknochen heißt . . . .

34. Die Knochen des Fußes werden in drei Gruppen eingeteilt: . . . ., ... und . . . .

35. Der . . . . bildet die Ferse.

36. Die . . . . ist ein schlanker Knochen, der parallel zur Tibia verläuft.

37. Die Muskeln des Gesäßes setzen am Femur im Bereich des . . . . an.

38. Die Fibula endet distal in einem Vorsprung, der . . . . heißt.

39. Die Bildung von Knochengewebe bezeichnet man als . . . .

40. Die . . . . sind konzentrische Schichten von Knochengewebe, die die *Havers*schen Kanäle umgeben.

41. Der Stoffaustausch zwischen Knochengewebe und Blutgefäßen erfolgt durch . . . .

42. An ihrem unteren (distalen) Ende bilden Fibula und .... ein Gelenk mit dem ....

43. Bei der anatomischen Beschreibung von Knochen wird ein Vorsprung .... genannt.

44. Ein .... ist eine abgerundete Knochenvorwölbung, die an Gelenken gefunden wird.

45. Zwischen den Schichten der Knochenlamellen liegen die Knochenzellen, die .... genannt werden; sie sind durch zarte Kanälchen, in denen ihre Zellfortsätze liegen, verbunden, die schließlich in die *Havers*schen Kanäle münden.

46. Bei der anatomischen Beschreibung von Knochen wird eine scharfe schlanke Ausziehung .... genannt.

47. Eine Öffnung oder Höhle im Knochen, durch die Nerven, Blutgefäße oder Sehnen ziehen, wird .... genannt.

48. Eine Vertiefung in einem Knochen wird .... genannt.

49. Handwurzelknochen und Fußwurzelknochen sind Beispiele für den .... Typ von Knochen.

50. Der Prozeß der Blutzellenbildung im Knochemark wird .... genannt.

51. Welche der folgenden Funktionen wird von einem speziellen Gewebe im Knochen erfüllt?

a) Produktion von Hormonen, die für den Calcium-Phosphor-Stoffwechsel erforderlich sind

b) Produktion von Mineralsalzen, die für die Körperfunktionen gebraucht werden

c) Bildung von roten und weißen Blutzellen

d) Schutz des subkutanen Gewebes vor Verletzungen

52. Die Enden eines langen Knochens enthalten meist ein spongiöses Gewebe; in dieses ist eingelagert:

a) rotes Knochenmark
b) gelbes Knochenmark
c) graue Substanz
d) weiße Substanz

53. Der Begriff Diaphyse bezeichnet:

a) den Schaft eines Knochens
b) die Kompakta eines Knochens
c) die Spongiosa eines Knochens
d) das Ende eines Knochens

54. Knochengewebe besteht vorwiegend aus:

a) organischen Stoffen (Knochenzellen und Blutgefäße)
b) organischen Stoffen (rotes und gelbes Mark)
c) anorganischen Stoffen (Mineralsalze)
d) anorganischen Stoffen (intrazelluläres Wasser)

55. Welche Zellen bauen Knochen auf, indem sie Grundsubstanz bilden, in die Calciumsalze aus dem Blut eingelagert werden?

a) Osteoklasten
b) Osteoblasten
c) Osteophyten
d) Osteozyten

56. Der Auf- und Abbau des Knochens ist:

a) ein kontinuierlicher Prozeß
b) nur in hohem Alter zu beobachten
c) ein Zeichen von Calciummangel
d) ein Symptom einer Stoffwechselerkrankung

57. In welchem der genannten Gebilde befindet sich Synovialflüssigkeit?

a) in einer Synchondrose
b) in einem Gelenk
c) in einer Syndesmose
d) in einer Zwischenwirbelscheibe

58. Welches der genannten Gebilde ermöglicht Bewegungen wie Beugung und Drehung?

a) Gelenk
b) Sychondrose
c) Syndesmose
d) Zwischenwirbelscheibe

59. Für welchen Gelenktyp sind Hüft- und Schultergelenk Beispiele?

a) Scharniergelenk
b) Drehgelenk
c) Kugelgelenk
d) Gleitgelenk

60. Durch welchen Gelenktyp wird die Bewegung des Atlas auf der Axis ermöglicht?

a) Scharniergelenk
b) Drehgelenk
c) Kugelgelenk
d) Eigelenk

61. Was erleichtert das Gleiten von Muskeln und Sehnen auf Knochen oder Bändern?

a) Synovia
b) Osteozyten
c) Condylen
d) Bursae

62. Welcher der folgenden Knochen gehört zum Achsenskelett?

a) Sternum
b) Humerus
c) Tibia
d) Femur

63. Welcher der folgenden Knochen gehört zum Gesichtsschädel?

a) Os sphenoidale
b) Maxilla
c) Os parietale
d) Malleolus

64. Welches ist der wichtigste Knochen der Nase?

a) Os sphenoidale
b) Vomer
c) Os palatinum
d) Os ethmoidale

65. Bursen sind kleine Säcke, die mit Synovialmembran ausgekleidet sind; was enthalten sie?

a) fettgefüllte Gewebsfalten
b) visköse Flüssigkeit
c) lockeres Bindegewebe
d) hyalinen Knorpel

66. Welche der folgenden Strukturen teilt die Nasenhöhlen in unregelmäßig geformte Gänge auf, die Meatus nasi genannt werden?

a) Conchae
b) Ampullae
c) Lamellae
d) Maxillae

67. An welchem Knochen setzen die Zungenbodenmuskeln an?

a) Os hyoideum
b) Os sphenoidale
c) Os zygomaticum
d) Os palatinum

68. Die Wirbel sind miteinander verbunden durch:

a) Zwischenwirbelscheiben
b) ligamentöses Gewebe
c) Fettpolster
d) zwischen den Wirbeln gelegene Schleimbeutel

69. Welcher der folgenden Knochen ist aus der Verschmelzung von fünf Wirbeln entstanden?

a) Atlas
b) Axis
c) Os coccygis
d) Os sacrum

70. Welcher der folgenden Knochen bildet den medialen Teil des Brustkorbes?

a) Os ischii
b) Sternum
c) Hilus
d) Os ilium

71. Wie lautet die anatomische Bezeichnung für Schulterblatt?

a) Clavicula
b) Manubrium
c) Processus xiphoideus
d) Scapula

72. Das Skelett der Handfläche besteht aus:

a) 5 Ossa metacarpalia
b) 5 Ossa carpalia
c) 5 Ossa metatarsalia
d) 5 Ossa tarsalia

73. Wo ist das Os ilium lokalisiert?

a) im Brustkorb
b) im Schädel
c) in der Hüfte
d) in der Wirbelsäule

74. Welcher der folgenden Begriffe kann als eine große Öffnung im Hüftknochen definiert werden?

a) Foramen ischiadicum majus
b) Foramen ischiadicum minus
c) Kreuzbeinhöhle
d) Foramen obturatum

75. Welcher Knochen verläuft parallel zur Fibula?

a) Tibia
b) Femur
c) Ulna
d) Humerus

Ordnen Sie die Bezeichnungen in der linken Spalte der passenden Definition oder Beschreibung aus der rechten Spalte zu.

76. .... Skelett
77. .... Spongiöser Knochen
78. .... *Havers*sche Kanäle
79. .... Osteoklasten
80. .... Hämatopoese
81. .... Gelenk (Articulation)
82. .... Bursae
83. .... Achsenskelett
84. .... Periost
85. .... Bindegewebe
86. .... Sutur
87. .... Sinus frontalis
88. .... Manubrium
89. .... Anhangskelett
90. .... Bursitis

a) Bindegewebsschicht, die dem Knochen Blutgefäße und Nerven zuführt

b) Bauelement des Skeletts, durch das zwei Knochen beweglich miteinander verbunden werden

c) Knochen von Kopf, Hals und Rumpf

d) vielkernige Knochenzellen, die für den Knochenabbau verantwortlich sind

e) Knochengewebe mit Bälkchenstruktur

f) wichtigste Stützstruktur des Körpers

g) Strukturen, die für die Ernährung des Knochengewebes wichtig sind

h) Knochenzellen in tieferen Schichten des Knochens

i) Bildung von Blutzellen

j) Absorption von Calcium und anderen Mineralsalzen

k) Strukturen, die das Gleiten von Muskeln oder Sehnen über Knochen und Bänder erleichtern

l) Entzündung der kleinen geschlossenen Säckchen, die zwischen Sehnen, Bändern und Knochen liegen

m) Knochen der Arme und Beine

n) Gewebe zur Stützung und Bindung anderer Gewebe

o) Nahtlinie der Schädelknochen

p) Gewebe, das die Gelenke auskleidet

q) der obere, handgriffähnliche Teil des Sternums

r) Nasennebenhöhle im Stirnbein

s) knorpelige Spitze des Sternums

t) mit Bindegewebe, Gefäßen und Fett ausgefüllte Höhlung im Hüftknochen

u) äußere harte Schicht des Knochens

91. Beschreiben Sie die Hauptfunktionen des Skeletts.

. . . .

. . . .

. . . .

92. Beschreiben Sie einen typischen Knochen.

. . . .

. . . .

. . . .

93. Wie werden die Knochen ernährt? Geben Sie eine kurze Beschreibung.

. . . .

. . . .

. . . .

94. Wie werden Knochen im allgemeinen unterteilt? Geben Sie Beispiele für jede Gruppe oder Kategorie.

. . . .

. . . .

. . . .

95. Welche Arten von Knochenverbindungen unterscheiden wir? Was ist das Charakteristische an ihnen?

. . . .

. . . .

. . . .

96. Beschreiben Sie die Hauptmerkmale eines Eigelenkes.

....

....

....

97. Beschreiben Sie Lage und Funktion der Schleimbeutel.

....

....

....

98. Beschreiben Sie die Einteilung der Knochen des Achsenskeletts.

....

....

....

99. Beschreiben Sie die Hauptmerkmale der Wirbelsäule.

....

....

....

100. Beschreiben Sie die knöcherne Struktur der Hand.

....

....

....

Das Skelett

Funktionen des Skeletts

Das Skelett nimmt die Stützfunktion für den Körper wahr; es befähigt so den Menschen aufrecht zu stehen und komplexe Bewegungen auszuführen. Fünf Hauptfunktionen werden dem lebenden Gewebe (Knochen) zugeschrieben, aus welchem das Skelett besteht:

Es dient als Ansatzpunkt für Muskeln und ermöglicht so die Nutzung der Hebelkraft, was eine Voraussetzung für die Bewegung des Körpers ist.

Es liefert die Stützelemente unseres Körpers und schützt Organe vor Verletzungen.

Es ist der Ort der Blutzellbildung (Hämatopoese).

Es stellt einen Speicher für Mineralsalze dar, die aus Calcium- und Phospat-Ionen bestehen, und gibt sie nach den Bedürfnissen des Körpers frei.

Frage: Welche der folgenden Funktion wird vom Skelett ausgeführt?

a) Produktion von Hormonen, die für den Stoffwechsel von Calcium und und Phosphor gebraucht werden → S. 2

b) Synthese von Mineralsalzen, die für die Körperfunktionen gebraucht werden → S. 3

c) Schutz lebenswichtiger Organe → S. 5

(von S. 1)

Ihre Antwort: Produktion von Hormonen, die für den Stoffwechsel von Calcium und Phosphor gebraucht werden.

Sie irren sich. Das Skelettsystem produziert *keine* Hormone, die für den Stoffwechsel des Körpers gebraucht werden. Es reagiert jedoch auf bestimmte Hormone, die von endokrinen Drüsen gebildet werden, und gibt Mineralsalze, die im intermediären Stoffwechsel gebraucht werden, ab. Bitte wiederholen Sie die Frage und überlegen Sie noch einmal Ihre Antwort.

Kehren Sie zu S. 1 zurück.

(von S. 1)

Ihre Antwort: Synthese von Mineralsalzen, die für die Körperfunktionen gebraucht werden.

Sie irren sich. Das Skelett stellt einen Speicher für Mineralsalze dar, die sich hauptsächlich aus Calcium- und Phospat-Ionen zusammensetzen, aus dem der Bedarf des Körpers gedeckt wird. Das Skelett bildet diese Mineralstoffe jedoch *nicht* selbst. Bitte wiederholen Sie die Frage und überlegen Sie noch einmal Ihre Antwort.

Kehren Sie zu S. 1 zurück.

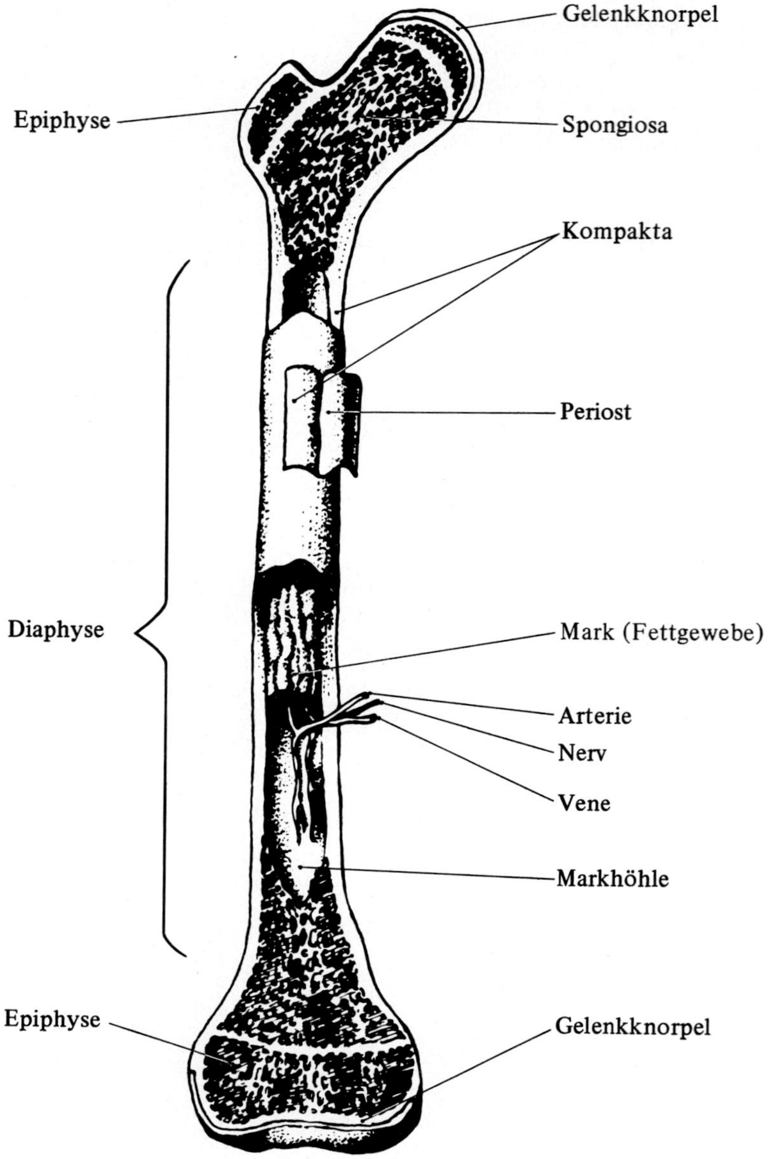

Abb. 1. Ein typischer Knochen.

(von S. 1)

Ihre Antwort: Schutz lebenswichtiger Organe.

Richtig! Das Skelett stellt einen Schutz für lebenswichtige Organe dar. Es umgibt als knöcherne Hülle Herz, Lungen und Gehirn.

Abb. 1 zeigt einen Röhrenknochen oder langen Knochen. Die beiden verdickten Enden des Knochens bezeichnet man als Epiphysen, das röhrenförmige Stück dazwischen als Schaft oder Diaphyse. In dem zentralen Hohlraum, der Markhöhle, liegt das gelbe Knochenmark, das Fettgewebe enthält.

Die Diaphyse besteht aus dichtem Knochenmaterial, der Kompakta, die als äußere Schicht auch die Epiphysen umgibt. Das Innere der Epiphysen bildet die Spongiosa. Hier ist das Knochengewebe aufgelockert und weist eine feine Bälkchenstruktur auf. Zwischen den Bälkchen liegt das rote Knochenmark.

Frage: Wie nennt man das Knochengewebe des Schaftes (Diaphyse), das auch als äußere Schicht die Enden des Knochens überzieht?

a) Spongiosa → S. 6

b) Kompakta → S. 8

(von S. 5)

Ihre Antwort: Spongiosa.

Sie irren sich. Der Schaft des Knochens besteht *nicht* aus Spongiosa. Die Spongiosa wird lediglich an den Enden des Schaftes gefunden.

Bitte sehen Sie sich die folgende Darstellung noch einmal genau an. Kehren Sie dann zu S. 5 zurück und überlegen Sie die Wahl Ihrer Antwort erneut.

Schlagen Sie S. 5 auf.

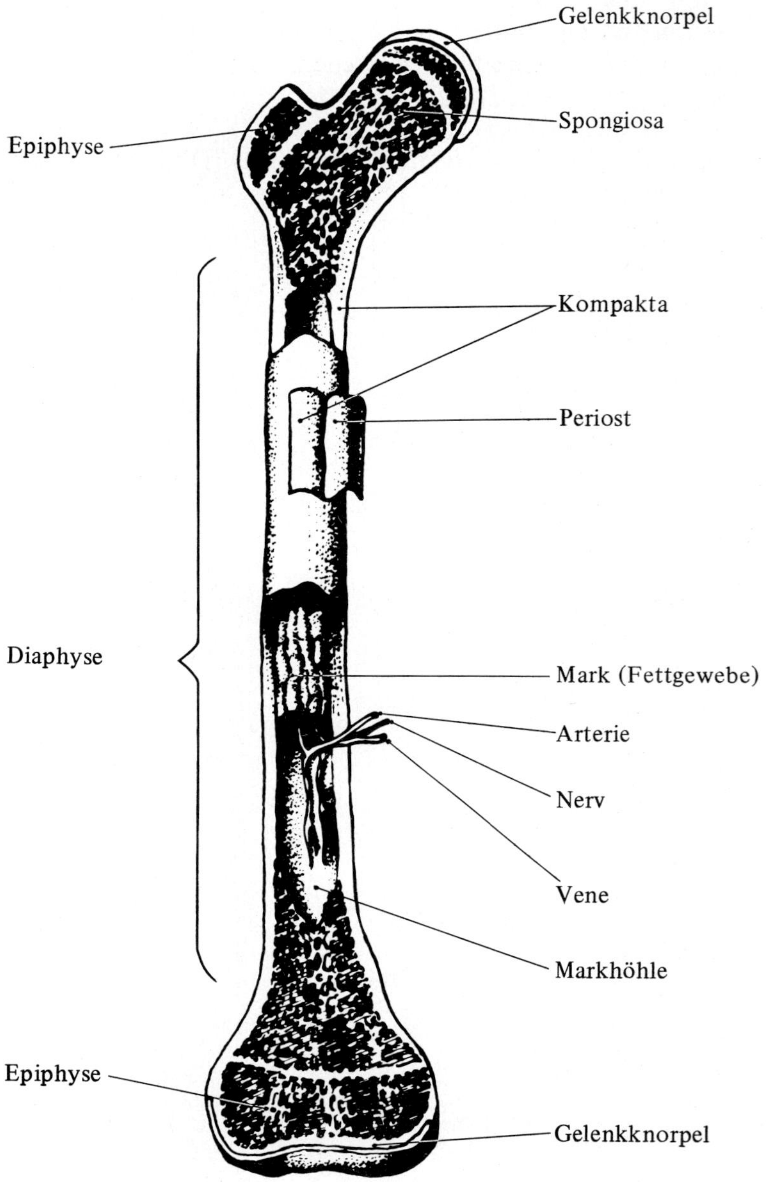

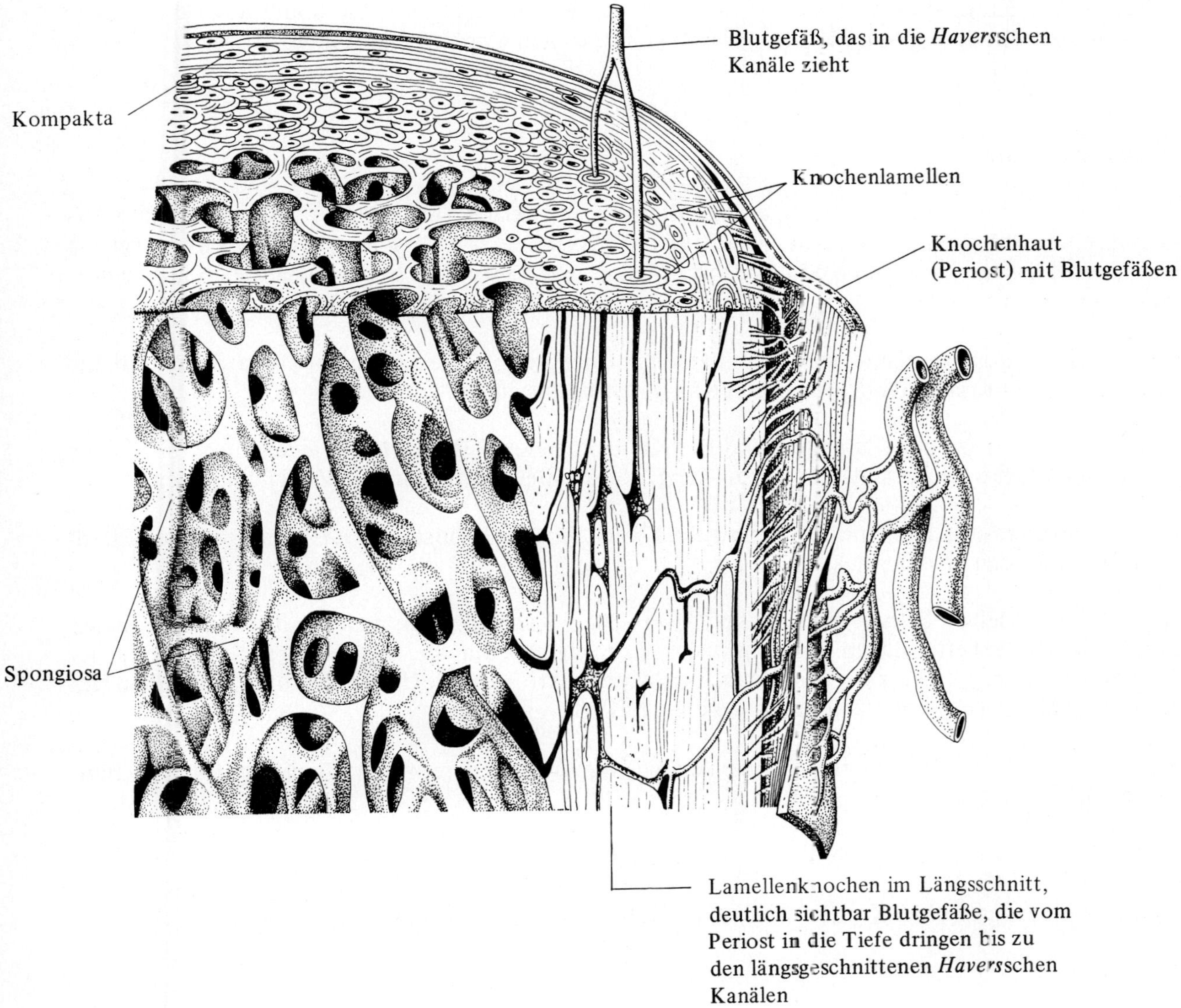

Abb. 2. Aufbau des Knochens (nach *Benninghoff*).

(von S. 5)

Ihre Antwort: Kompakta.

Richtig! Die Kompakta ist das dichte Gewebe des Knochenschaftes. Sie bildet auch eine dünne Schicht über der Spongiosa, die sich am Ende eines langen Knochens befindet.

Knochenstruktur

Knochen besteht zu ca. 2/3 aus anorganischen Substanzen (Mineralien) und zu ca. 1/3 aus organischen Substanzen (Knochenzellen und Blutgefäße). Wie andere lebende Gewebe verfügt auch der Knochen über einen Stoffwechsel. Außerdem gibt er bei Bedarf Mineralien aus seinem Speicher an das Blut ab.

Der ausdifferenzierte Knochen ist in Lamellen angeordnet, die konzentrisch in Schichten um einen zentralen Kanal, den *Havers*schen Kanal, herum liegen.

Zwischen den einzelnen Lamellen sind die Knochenzellen (Osteozyten) eingemauert; sie stehen jedoch über lange Zellfortsätze in Verbindung, die strahlenförmig von den Zellen ausgehen.

Die Ernährung des Knochens übernimmt die Knochenhaut (Periost), die aus Bindegewebe besteht und den Knochen überzieht.

Vom Periost ziehen Blutgefäße zu den *Havers*schen Kanälen. Von hier aus diffundieren Sauerstoff und Nährstoffe durch die mikroskopisch kleinen Kanäle, in denen die Fortsätze der Osteozyten liegen, von Zelle zu Zelle. Abfallprodukte des Stoffwechsels und Mineralien aus dem Knochengewebe nehmen den umgekehrten Weg.

Frage: Auf welche Weise erhalten die Zellen, die sich in dem Mineralspeicher des Knochens befinden, Sauerstoff und Nährstoffe?

a) durch Diffusion vom Periost direkt zu den Knochenzellen → S. 9

b) durch die *Havers*schen Kanäle, welche die Nährstoffe im Knochen transportieren → S. 11

(von S. 8)

Ihre Antwort: Durch Diffusion vom Periost direkt zu den Knochenzellen.

Sie irren sich. Die Nährstoffe für die Knochenzellen diffundieren *nicht* direkt vom Periost. Das Blut tritt vielmehr vom Periost in die *Havers*schen Kanäle ein. Von hier aus gelangen die Nährstoffe über ein Netz feinster Kanälchen, in denen die Zellfortsätze der Knochenzellen liegen, durch die Mineralsubstanz des Knochens zu den Zellen. Angesammelte Stoffwechselschlacken werden auf dem umgekehrten Weg entfernt.

Da Sie offensichtlich Schwierigkeiten mit dem Stoff haben, sollten Sie, bevor Sie zusätzliches Material studieren, den vergangenen Lernschritt noch einmal überarbeiten.

Kehren Sie zu S. 8 zurück.

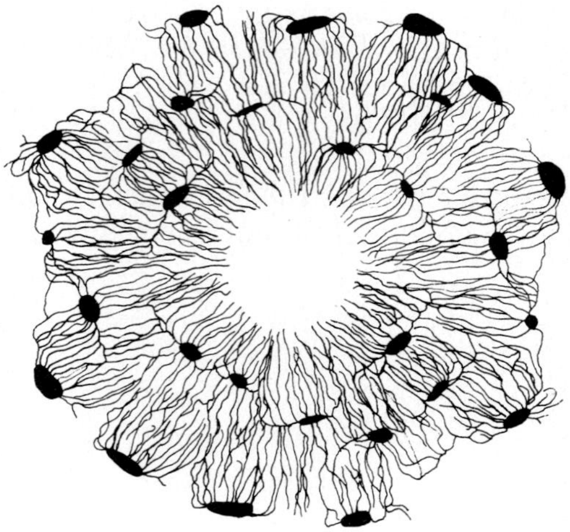

Abb. 3. Osteozyten in einem Lamellenknochen, um einen *Havers*schen Kanal angeordnet. Lange Zellfortsätze stellen die Verbindung zwischen den Zellen her.

(von S. 8)

Ihre Antwort: Durch die *Havers*schen Kanäle, welche die Nährstoffe im Knochen transportieren.

Richtig! Die Knochenzellen, die zwischen den Knochenlamellen liegen, erhalten über die *Havers*schen Kanäle ihre Nährstoffe, die durch die mikroskopisch kleinen Kanäle diffundieren, in denen die Zellfortsätze liegen.

Knochengewebe – Bildung und Zellen

Wir unterscheiden zwei Arten von Knochenbildung oder Verknöcherung (Ossifikation) beim Menschen:

1. Desmale Ossifikation.
Hierbei entsteht Knochengewebe direkt aus dem Bindegewebe. Einige Schädelknochen und das Schlüsselbein werden so gebildet.

2. Chondrale Ossifikation.
Lange Knochen, wie die der Gliedmaßen, die zu Beginn des Lebens noch erheblich wachsen, werden zunächst aus Knorpel vorgeformt und dann im Laufe der Jahre durch Knochen ersetzt. Nur die Gelenkflächen bleiben immer mit Knorpel überzogen.

Die Verknöcherung lauft über einen komplizierten Mechanismus ab. Am Ende entsteht dabei am häufigsten der Lamellenknochen, den man auch als ausdifferenzierten Knochen bezeichnen kann (Abb. 2). Doch selbst der Lamellenknochen ist kein starres Gewebe. Er ist ein Leben lang ständigen Auf- und Abbauprozessen unterworfen, die sich das Gleichgewicht halten. Der Aufbau wird durch dauernden Abbau kompensiert.

Für die Knochenbildung und Umwandlung sind Zellen mit verschiedenen Funktionen nötig. Den Aufbau übernehmen die Osteoblasten, spezielle Bindegewebszellen. Sie bilden Grundsubstanz und kollagene Fasern (s. Band 1), die zwischen den Zellen liegen. Die kollagenen Fasern tragen wesentlich zur Biegefestigkeit des Knochens bei. Seine Festigkeit erhält er in der Hauptsache durch Calciumsalze, die aus dem Blut stammen und in die Grundsubstanz eingelagert werden. Für den Abbau sorgen die Osteoklasten. Das sind vielkernige Riesenzellen, die Knochengewebe abbauen und resorbieren können. Die dritte Art der im Knochen vorkommenden Zellen sind die Osteozyten (Abb. 3). (Nachdem die Osteoblasten vollständig von Knochengewebe umgeben sind und die Produktion von Fasern und Grundsubstanz eingestellt haben, nennt man sie Osteozyten.) Sie übernehmen den Erhaltungsstoffwechsel des Knochens.

Da sich Auf- und Abbau unter normalen Bedingungen stets die Waage halten, bleibt dieser Vorgang für uns unsichtbar, weil die Knochen dabei auch immer ihre gleiche Form behalten.

Frage: Welche Zellen sind an der Ossifikation beteiligt, indem sie Grundsubstanz bilden, in die Calciumsalze eingelagert werden?

a) Osteoblasten → S. 12

b) Osteoklasten → S. 13

c) Osteozyten → S. 14

(von S. 11)

Ihre Antwort: Osteoblasten.

Richtig! Osteoblasten bilden Grundsubstanz, in die Calciumsalze aus dem Blut eingelagert werden.

Knochenmark

Die Hohlräume des Knochens sind mit Knochenmark ausgefüllt, beim Kind ausschließlich mit rotem Mark. Beim Erwachsenen finden wir rotes Knochenmark nur noch in der Spongiosa von kurzen und platten Knochen und den Epiphysen der Röhrenknochen. In den Markhöhlen der Diaphysen ist das rote Mark durch gelbes Mark ersetzt worden. Im roten Knochenmark werden rote und weiße Blutzellen gebildet. Das gelbe Knochenmark besteht aus Fettgewebe, das ihm auch seine Farbe gibt.

Frage: Welche Art von Mark ist bei der Bildung von roten und weißen Blutzellen von Bedeutung?

a) gelbes Mark → S. 15

b) rotes Mark → S. 17

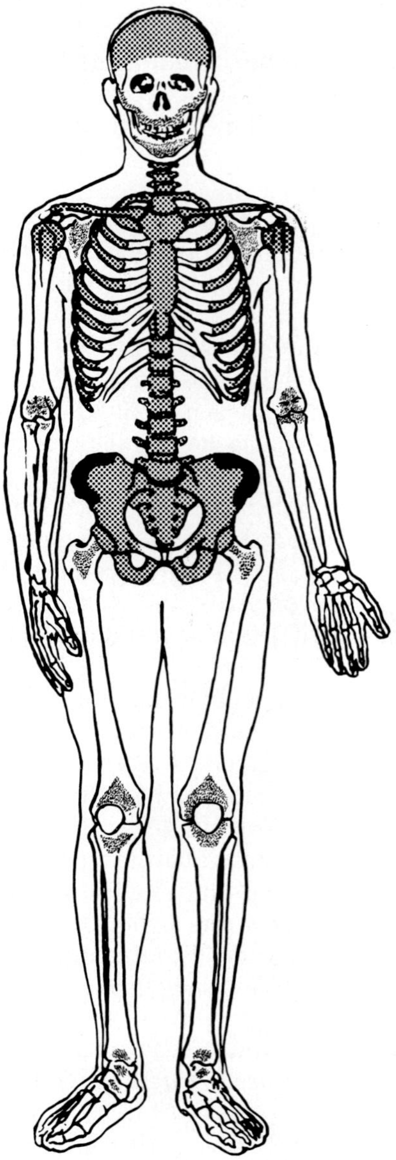

Abb. 4. Wesentliche Knochen, die rotes Mark enthalten (schraffierte Regionen).

(von S. 11)

Ihre Antwort: Osteoklasten.

Sie irren sich. Osteoklasten bilden keine Grundsubstanz und sind auch nicht am Aufbau von Knochen beteiligt. Sie bauen Knochengewebe ab und resorbieren es.

Bitte wiederholen Sie die Frage und überlegen Sie noch einmal Ihre Antwort.

Schlagen Sie S. 11 auf.

(von S. 11)

Ihre Antwort: Osteozyten.

Sie irren sich. Osteozyten sind nicht an der Ossifikation beteiligt. Sie sind für den Erhaltungsstoffwechsel des Knochens zuständig.

Bitte wiederholen Sie die Frage und überlegen Sie noch einmal Ihre Antwort.

Schlagen Sie S. 11 auf.

(von S. 12)

Ihre Antwort: Gelbes Mark.

Sie irren sich. Das gelbe Mark steht in *keiner* Beziehung zur Bildung weißer oder roter Blutzellen.

Es ist lediglich ein Fettgewebe, das den zentralen Kanal des Knochens ausfüllt. Bitte wiederholen Sie die Frage und überlegen Sie noch einmal Ihre Antwort.

Schlagen Sie S. 12 auf.

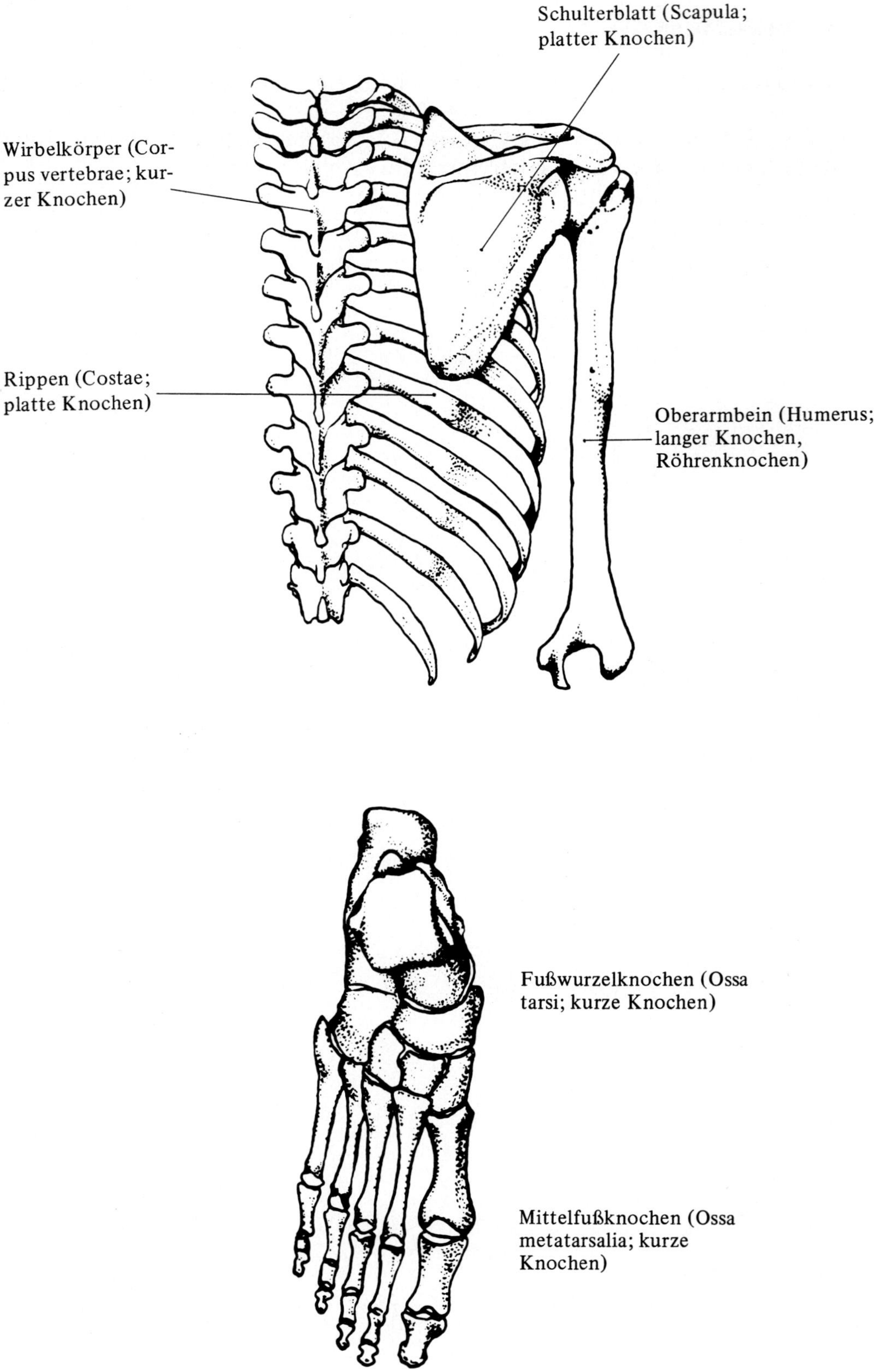

Abb. 5. Einteilung der Knochen.

(von S. 12)

Ihre Antwort: Rotes Mark.

Richtig! Das rote Mark ist der Ort, an dem sowohl die roten als auch die weißen Blutzellen gebildet werden. Es befindet sich z. B. in den Wirbelkörpern und im Brustbein.

Einteilung der Knochen

Das menschliche Skelett besteht aus 206 Knochen, die in ihrer Größe zwischen besonders großen, wie dem Femur, und sehr kleinen, wie denen des Mittelohres schwanken.

Nach ihrer Form unterteilt man die Knochen in drei Gruppen (s. Abb. 5).

1. *Lange* Knochen.
Lange Knochen sind z. B. die Extremitätenknochen Femur und Tibia. Der Knochenschaft eines langen Knochens besteht aus Kompakta, und seine Markhöhle ist mit gelbem Knochenmark gefüllt. Die Enden werden von Spongiosa gebildet, die rotes Mark enthält.

2. *Kurze* Knochen.
Hierzu gehören Wirbelkörper und Hand- und Fußwurzelknochen. Die in der Mitte liegende Spongiosa mit dem roten Knochenmark wird von einer dünnen Kompaktahülle umgeben.

3. *Platte* Knochen.
Viele Schädelknochen, die Rippen und das Schulterblatt sind platte Knochen. Zwei Kompaktaplatten umschließen eine schmale Spongiosaschicht, in der ebenfalls rotes Mark zu finden ist.

Diese Einteilung wird nicht allen Knochenformen gerecht. So lassen sich unter anderem die Wirbelfortsätze, der zentrale Teil des Schulterblattes oder das Siebbein nicht in dieses Schema einordnen. Es gibt noch eine ganze Reihe unregelmäßig geformter Knochen.

Bezeichnungen, die bei der Beschreibung von Knochen gebraucht werden:

Spina – eine scharfe schlanke Ausziehung eines Knochens
Condylus – runde Vorwölbung am Gelenk
Epicondylus – eine Vorwölbung auf dem Condylus
Fissura – schmaler Spalt
Foramen – eine Öffnung in einem Knochen
Fossa – eine Vertiefung in einem Knochen
Tuberculum – eine kleine Erhebung auf einem Knochen

Frage: In welche Gruppe – lang, kurz, platt oder keine der genannten – würden Sie die Rippen einordnen?

a) lang → S. 18

b) kurz → S. 19

c) platt → S. 21

d) keine der genannten → S. 22

(von S. 17)

Ihre Antwort: Lang.

Sie irren sich. Die Rippen werden nicht zu den langen Knochen (Röhrenknochen) gezählt. Diese Gruppe schließt Knochen wie Tibia, Femur und Humerus, die alle einen langen Schaft haben, ein.

Bitte kehren Sie zu S. 17 zurück und versuchen Sie jetzt, die richtige Antwort auszuwählen.

Schlagen Sie S. 17 auf.

(von S. 17)

Ihre Antwort: Kurz.

Sie irren sich. Die Rippen gehören nicht zu den kurzen Knochen, obwohl sie kürzer als Femur oder Tibia sind. Zu den kurzen Knochen zählen andere, wie die der Hand- und Fußwurzel. Bitte kehren Sie zu S. 17 zurück und versuchen Sie jetzt, die richtige Antwort auszuwählen.

Schlagen Sie S. 17 auf.

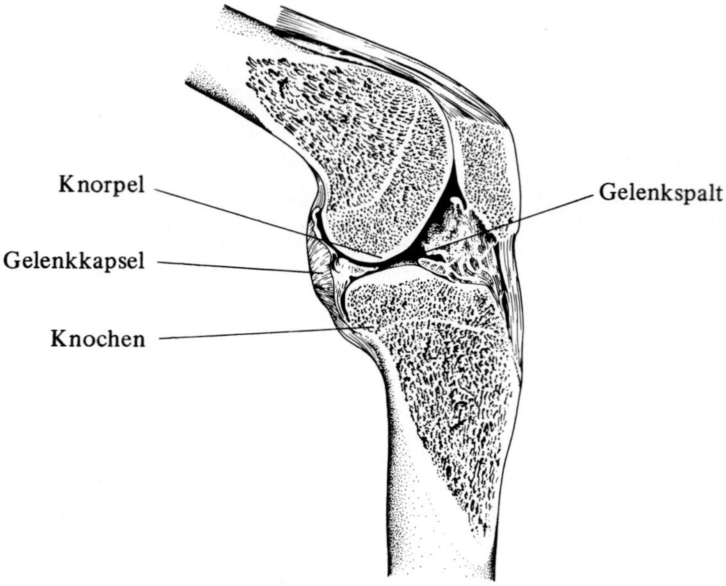

Diarthrose (Gelenk)

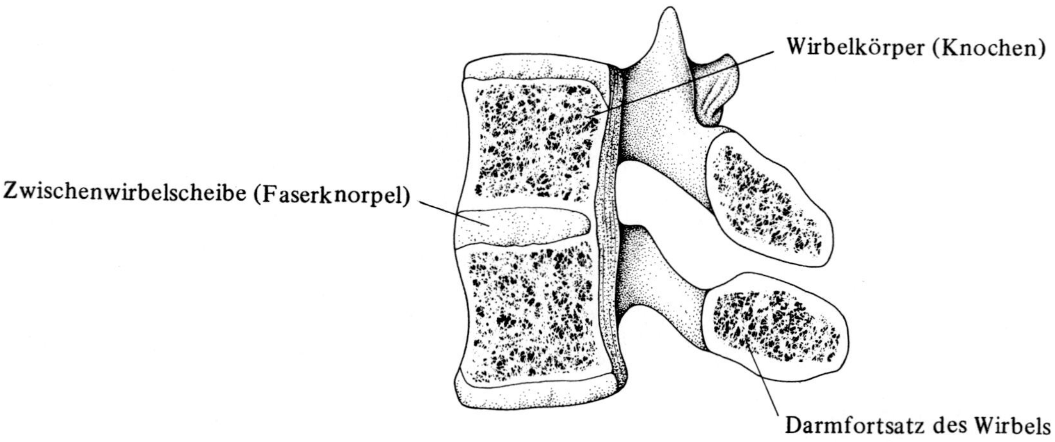

Synchondrose (Knorpelhaft)

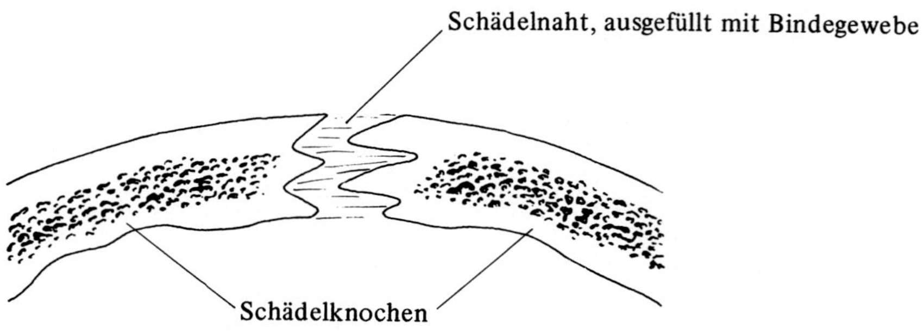

Syndesmose (Bandhaft)

Abb. 6. Knochenverbindungen.

(von S. 17)

Ihre Antwort: Platt.

Richtig! Die Rippen gehören zu den platten Knochen. Die Rippen, das Schulterblatt (Scapula) und die Schädelknochen sind typische Beispiele für die Gruppe platter Knochen.

Knochenverbindungen

Es werden zwei Arten von Knochenverbindungen unterschieden:

1. *Diarthrosen* (Gelenke) – diskontinuierliche Knochenverbindungen.
Charakteristisch für die Diarthrosen oder Gelenke ist die Gelenkhöhle oder der Gelenkspalt, der die Verbindung zweier Knochen unterbricht. Dieser Spalt ermöglicht es, daß die beiden Knochen gegeneinander bewegt werden können. Die Gelenkflächen sind mit hyalinem Knorpel überzogen. Er vermindert die Reibung, die bei der Bewegung auftritt. Nach außen abgeschlossen wird die Gelenkhöhle durch eine Gelenkkapsel. Die äußere Schicht der Gelenkkapsel (Membrana fibrosa), aus kollagenem Bindegewebe bestehend, schützt das Gelenk. Oft wird sie zusätzlich von derben Faserzügen (Bändern) verstärkt. Die Innenschicht (Membrana synovia) wird von lockerem Bindegewebe gebildet. Sie sezerniert die Gelenkschmiere oder Synovia, eine fadenziehende visköse Flüssigkeit, in die Gelenkhöhle. Die Synovia trägt damit ebenfalls zur Herabsetzung der Reibungskräfte bei.

Die faserknorpeligen Disci und Menisci, die in manchen Gelenken in der Gelenkhöhle liegen, verbessern den Kontakt der Gelenkflächen und damit die Bewegungsmöglichkeiten.

2. *Synarthrosen* (Haften) – kontinuierliche Knochenverbindungen.
Zwei Knochen sind durch ein dazwischenliegendes Gewebe fest miteinander verbunden. Die Art des Gewebes, das die Fuge zwischen den beiden Knochen ausfüllt, bestimmt den Namen der Synarthrose.

Synchondrose (Knorpelhaft): Knorpelgewebe liegt zwischen zwei Knochen. Die faserknorpeligen Zwischenwirbelscheiben bilden mit den Wirbelkörpern eine Synchondrose.

Syndesmose (Bandhaft): Straffes kollagenes Bindegewebe verbindet zwei Knochen wie z. B. bei den Schädelnähten. (Wenn im höheren Lebensalter das Bindegewebe in der Schädelnaht verknöchert, spricht man von einer Synostose. Die Naht ist dann nicht mehr sichtbar.)
Synarthrosen lassen nur geringfügige Bewegungen zu.

Frage: Was ist nach Ihrer Meinung das wichtigste Unterscheidungsmerkmal zwischen Synarthrose und Diarthrose?

a) das Gewebe, das den Raum zwischen zwei Knochen einnimmt → S. 23

b) die Form der Knochen, die miteinander verbunden werden → S. 24

c) die Gelenkhöhle → S. 26

(von S. 17)

Ihre Antwort: Keine der genannten.

Sie irren sich. Die Rippen lassen sich eindeutig den platten Knochen zuordnen. Es gibt allerdings besonders unregelmäßig geformte Knochen wie das Siebbein, die in keine der genannten Gruppen passen. Bitte kehren Sie zu S. 17 zurück und versuchen Sie jetzt, die richtige Antwort auszuwählen.

Schlagen Sie S. 17 auf.

(von S. 21)

Ihre Antwort: Das Gewebe, das den Raum zwischen zwei Knochen einnimmt.

Sie irren sich. Das Gewebe, das den Raum zwischen den Knochen ausfüllt, ist nicht das Unterscheidungsmerkmal zwischen Synarthrose und Diarthrose. Nach der Art der Gewebes wird eine Synarthrose genauer benannt, z. b. Knorpel – Synchondrose. Eine Synarthrose ist eine kontinuierliche Verbindung zweier Knochen. Sie besitzt keine Gelenkhöhle, die den Unterschied zur Diarthrose (Gelenk) darstellt. Sehen Sie sich bitte noch einmal den Stoff auf S. 21 an, bevor Sie mit dem Programm fortfahren.

Schlagen Sie S. 21 auf.

(von S. 21)

Ihre Antwort: Die Form der Knochen, die miteinander verbunden werden.

Sie irren sich. Die Knochenform spielt bei der Unterscheidung zwischen Synarthrose und Diarthrose keine Rolle. Das wichtigste an einem Gelenk ist die Gelenkhöhle. Sie ist die Voraussetzung für die Bewegung zweier Knochen gegeneinander. Bitte lesen Sie auf S. 21 noch einmal genau nach, bevor Sie eine neue Antwort wählen.

Schlagen Sie S. 21 auf.

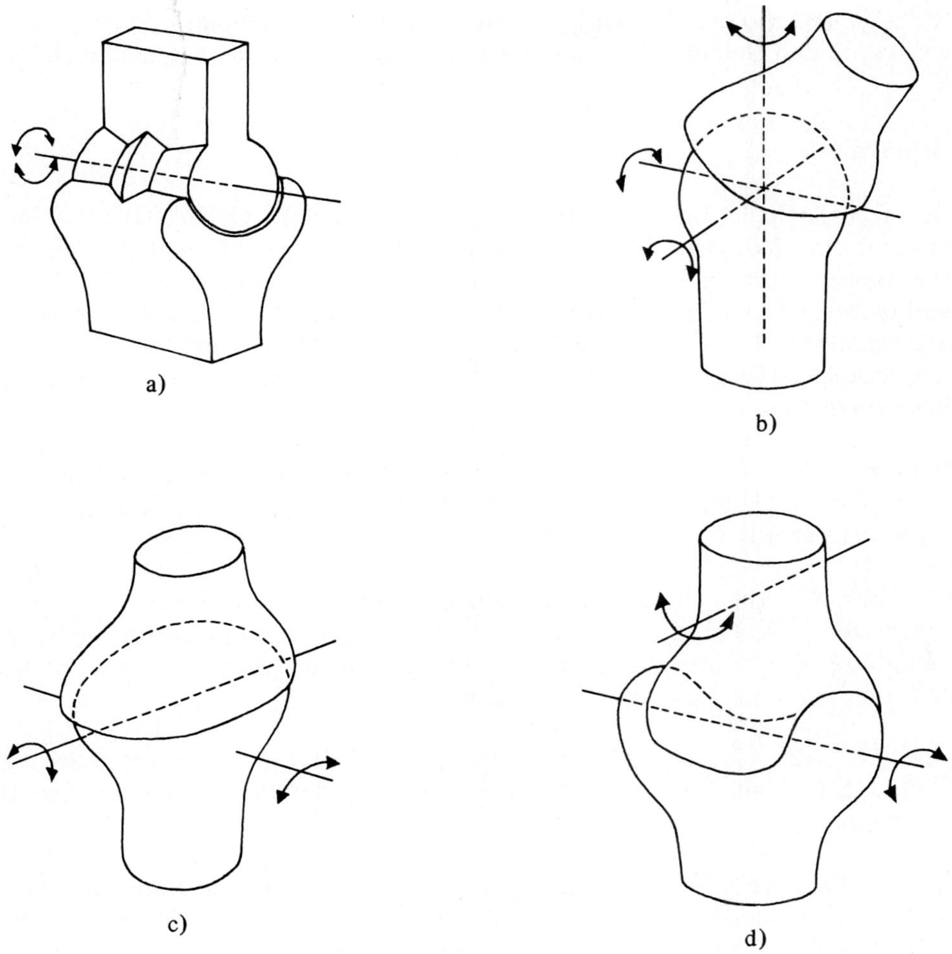

Abb. 7. Gelenkarten (schematische Darstellung nach *Benninghoff)*. Die Pfeile geben die Bewegungsmöglichkeiten um die eingezeichneten Achsen an.

a) Scharniergelenk b) Kugelgelenk

c) Eigelenk d) Sattelgelenk

(von S. 21)

Ihre Antwort: Die Gelenkhöhle.

Richtig! Die Gelenkhöhle ist das wesentliche Unterscheidungsmerkmal. Sie gestattet die Bewegung in den Gelenken. Eine Synarthrose läßt kaum Bewegungsmöglichkeiten zu.

Gelenkarten

Gelenke (Articulationes) werden nach der Form ihrer Gelenkflächen (Gelenkkopf und Gelenkpfanne) eingeteilt, von denen das Ausmaß ihrer Bewegungsmöglichkeiten hauptsächlich abhängt. Die Bewegungen in einem Gelenk erfolgen um (gedachte) Achsen. Die Gelenkachsen stehen senkrecht aufeinander. Je mehr Achsen ein Gelenk besitzt, um so größer ist die Zahl der Bewegungsarten. Ein Scharniergelenk hat eine Achse, es gestattet nur Beugung und Streckung. Ein Kugelgelenk mit drei senkrecht aufeinander stehenden Hauptachsen läßt eine Vielzahl von Bewegungen zu.

Scharniergelenk (Abb. 7): Die Beugung und Streckung läßt sich mit dem Öffnen und Schließen einer Tür vergleichen. Daher der Name Scharniergelenk. Ellenbogen- und Kniegelenk sind Scharniergelenke.

Kugelgelenk (Abb. 7): Ein kugelförmiger Kopf wird von einer schalenförmigen Gelenkpfanne umschlossen. Kugelgelenke sind die Gelenke mit der höchstmöglichen Zahl der Bewegungen (Schultergelenk, Hüftgelenk). Außer gebeugt und gestreckt kann noch nach beiden Seiten bewegt und um die Längsachse gedreht werden.

Eigelenk (Abb. 7): Der eiförmige Gelenkkopf liegt in einer entsprechend konkav gestalteten Pfanne. Das erlaubt Beugung und Streckung und Seitwärtsbewegung. Das Handgelenk ist hierzu zu zählen.

Sattelgelenk (Abb. 7): Die Gelenkflächen bilden zwei ineinandergepaßte „Sättel". Es hat zwei Achsen. Nur das Daumengrundgelenk ist ein Sattelgelenk. Seine besondere Konstruktion und Lage bewirken, daß der Daumen den übrigen Fingern der Hand gegenübergestellt werden kann. Dadurch wird die Hand des Menschen zum Greifwerkzeug. Kein Tier verfügt über eine solche Einrichtung.

Das Gelenk zwischen dem ersten und zweiten Halswirbel, in dem der Kopf gedreht wird, oder die Gelenke zwischen Elle und Speiche, die die Drehbewegung des Unterarms mit der Hand um sich selbst möglich machen, sind Spezialgelenke, von denen es noch eine ganze Reihe anderer gibt. Ihr Aufbau und Wirkungsmechanismus ist zum Teil recht kompliziert.

Frage: Welche Gelenkart bezeichnet A der Zeichnung?

a) Kugelgelenk → S. 27

b) Scharniergelenk → S. 28

c) Eigelenk → S. 29

(von S. 26)

Ihre Antwort: Kugelgelenk.

Sie irren sich. Das gezeigte Kniegelenk ist ein Scharniergelenk, *kein* Kugelgelenk. Das Gelenk beschränkt nämlich die Bewegung um eine Achse. So erlaubt das Kniegelenk die Beugung des Unterschenkels bis zur Berührung der Hinterseite des Oberschenkels. Es erlaubt jedoch nicht den gleichen Grad der Bewegung in der entgegengesetzten Richtung, d. h. nach vorne, so daß die scharnierartige Bauweise das Bein in der zur Fortbewegung notwendigen Stellung hält. Wie Sie sich denken können, wäre das Gehen oder sogar nur aufrechte Stehen ohne heftiges Schwanken nicht möglich, wenn das Knie kein Scharniergelenk wäre. Bitte überprüfen Sie den Stoff des vorausgegangenen Teils, bevor Sie sich neue Information erarbeiten.

Kehren Sie zu S. 26 zurück.

(von S. 26)

Ihre Antwort: Scharniergelenk.

Richtig! Das gezeigte Gelenk, ein Kniegelenk, sit ein Scharniergelenk. Es erlaubt ebenso wie das Ellenbogengelenk nur die Bewegung um eine Achse, entsprechend der Scharnierbewegung einer Tür.

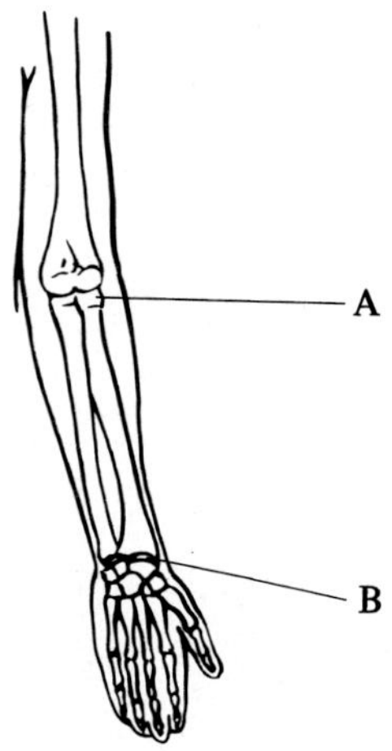

Frage: Welche Gelenkart zeigt A auf der Zeichnung, welche B?

a) A zeigt ein Scharniergelenk, B ein Eigelenk → S. 31

b) A zeigt ein Eigelenk, B ein Kugelgelenk → S. 32

(von S. 26)

Ihre Antwort: Eigelenk.

Sie irren sich. Das bezeichnete Gelenk, ein Kniegelenk, ist kein Eigelenk. Ein Eigelenk verfügt über zwei Gelenkachsen wie z. B. das Handgelenk. Das Gelenk, das hier gemeint ist, hat nur eine Achse. Bitte wiederholen Sie die Frage und überlegen Sie noch einmal Ihre Antwort.

Schlagen Sie S. 26 auf.

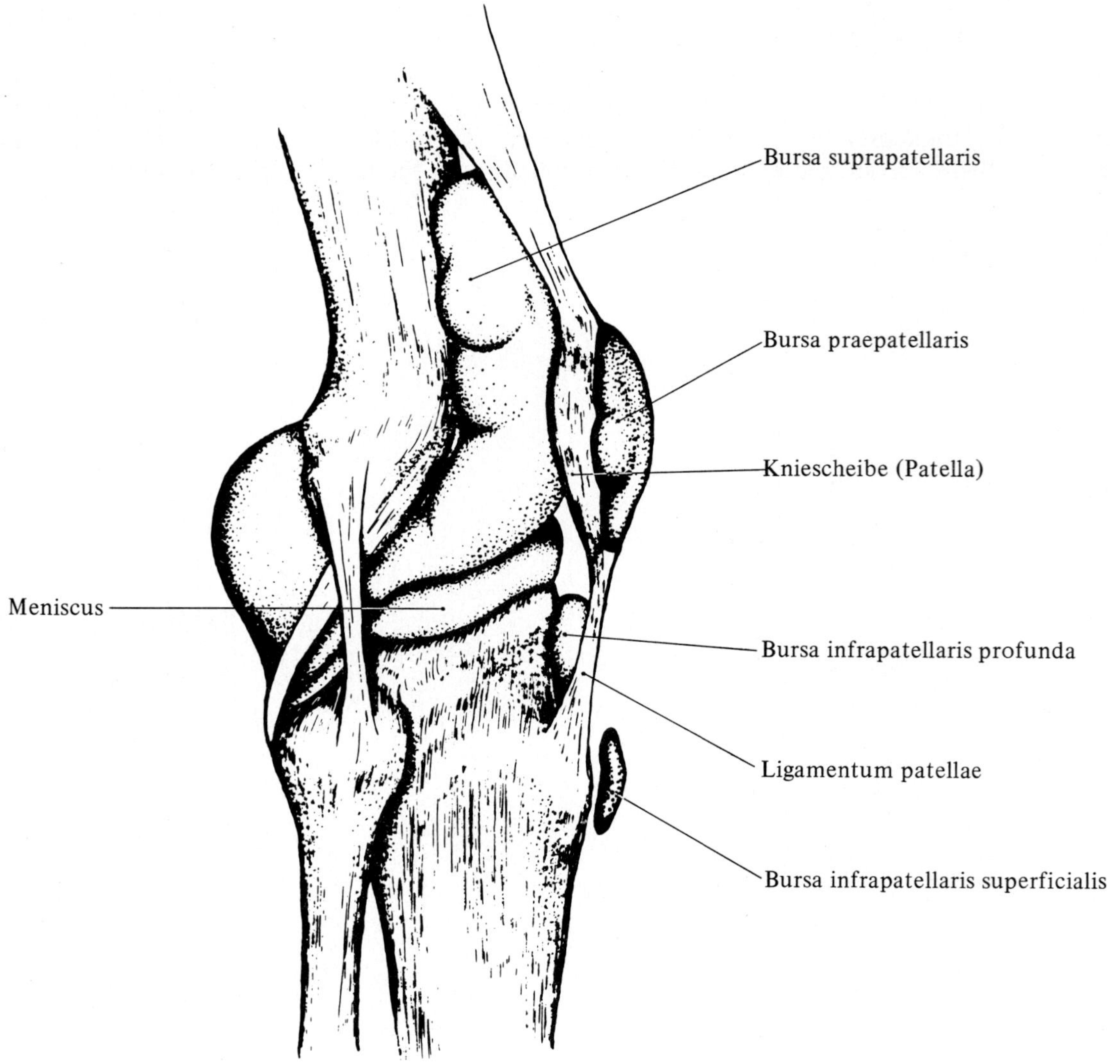

Abb. 8. Die Schleimbeutel (Bursae) des Knies.

(von S. 28)

Ihre Antwort: A zeigt ein Scharniergelenk, B ein Eigelenk.

Richtig! A bezeichnet das Ellenbogengelenk, das ein Scharniergelenk darstellt. Es erlaubt nur Bewegungen um eine Achse. B deutet auf das Handgelenk, das ein Eigelenk ist. Es besitzt zwei Achsen. Für den eiförmigen Gelenkkopf ist in der Gelenkpfanne eine genau passende Muldenform vorhanden.

Schleimbeutel (Bursae)

Bursae sind kleine, geschlossene Säcke, die mit Synovialmembran ausgekleidet sind (s. Abb. 8). Sie enthalten Synovialflüssigkeit und nehmen Räume zwischen Sehnen, Bändern und Knochen ein. Bursen erleichtern das Gleiten von Muskeln oder Sehnen über knöcherne Oberflächen und Bänder.

Bekannte Bursen sind die Bursa subacromialis (zwischen dem Acromion und dem Deltamuskel einerseits und der Schultergelenkkapsel andererseits), die Bursa olecrani (zwischen dem Olecranon, der Spitze des Ellenbogens und der Haut) und die Bursa praepatellaris (zwischen Patella und Haut, s. Abb. 8). In diesen Schleimbeuteln tritt, wenn sie unter unphysiologischer Beanspruchung stehen, häufig eine Entzündung auf (Bursitis). Die Entzündung der Bursa praepatellaris wird „Hausmädchen-Knie" genannt; Die Entzündung der Bursa olecrani wird im Volksmund „Studenten-Ellenbogen" genannt.

Frage: Bursen sind kleine geschlossene Säcke, ausgekleidet mit einer Synovialmembran, und enthalten:

a) fettgefüllte Gewebsfalten → S. 33

b) visköse Flüssigkeit → S. 36

c) straffes Bindegewebe → S. 37

(von S. 28)

Ihre Antwort: A zeigt ein Eigelenk, B ein Kugelgelenk.

Sie irren sich. A zeigt auf das Ellenbogengelenk, das aber kein Eigelenk ist, sondern ein Scharniergelenk. Das Handgelenk, das mit B gemeint ist, ist auch kein Kugelgelenk, sondern ein Eigelenk, in dem um zwei aufeinander senkrecht stehende Achsen bewegt werden kann. Im Handgelenk kann gebeugt und gestreckt und die Hand zur Seite der Elle (Ulna) oder der Speiche (Radius) hin bewegt werden. Eine Rotation in dem Sinn, daß Sie die Hand drehen, bis die Handfläche nach oben zeigt, während der restliche Arm nicht bewegt wird, ist nicht möglich. Drehen Sie Ihre Handfläche so, daß Sie nach oben zeigt. Die Bewegung, die dies ermöglicht, wird mit dem ganzen Unterarm (Radius und Ulna) ausgeführt und findet in zwei besonderen Gelenken statt, die sich am oberen und unteren Ende von Radius und Ulna befinden und funktionell zusammengehören. Fassen Sie nun Ihren Unterarm und halten Sie ihn fest. Versuchen Sie nun Ihr Handgelenk so zu drehen, daß die Handfläche nach oben zeigt. Wenn Sie ein normales Gelenk haben, ist eine solche Bewegung unmöglich. Da dies der letzte Beitrag zu den verschiedenen Gelenkarten ist, wiederholen Sie bitte den Stoff auf S. 28, bevor Sie mit dem Programm fortfahren.

Schlagen Sie S. 28 auf.

(von S. 31)

Ihre Antwort: Fettgefüllte Gewebsfalten.

Sie irren sich. Die Schleimbeutel enthalten *keine* fettgefüllten Gewebsfalten, obwohl einige Synovialmembranen, wie sie z. B. über dem Kniegelenk gefunden werden, fettgefüllte Gewebsfalten zeigen. Diese Strukturen füllen bei den Bewegungen Hohlräume des Gelenkes aus. Bitte gehen Sie zum vorigen Lernschritt zurück und wiederholen Sie den Stoff, damit Sie die gestellte Frage richtig beantworten können.

Schlagen Sie S. 31 auf.

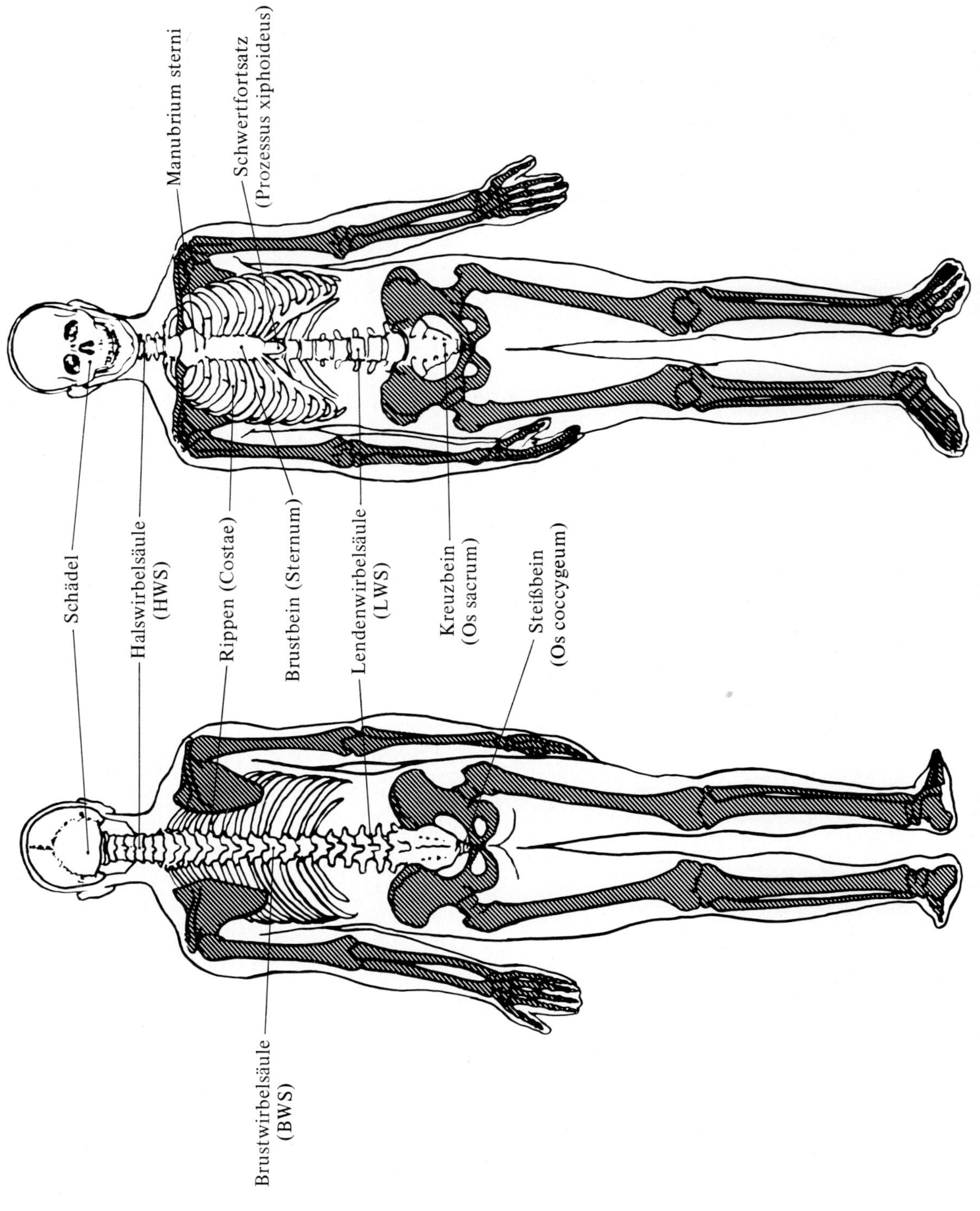

Abb. 9. Das Achsenskelett (unschraffierte Gebiete).

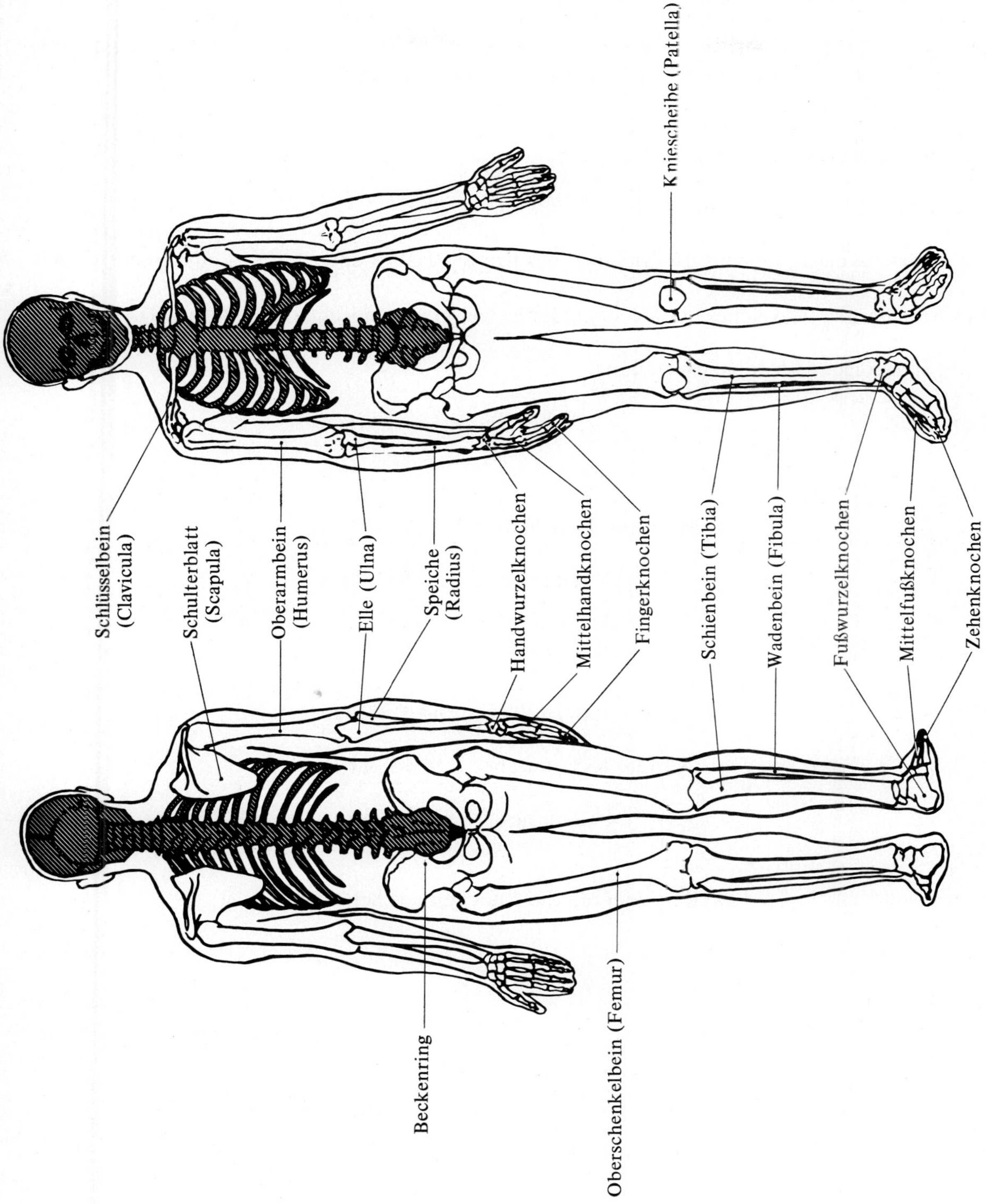

Abb. 10. Das Anhangskelett (unschraffierte Gebiete).

(von S. 31)

Ihre Antwort: Visköse Flüssigkeit.

Richtig! Schleimbeutel enthalten eine visköse Flüssigkeit. Dadurch wirken sie als Kissen oder Polster und mindern den Druck zwischen sich bewegenden Teilen.

Einteilung des Skeletts

Das menschliche Skelett besteht aus zwei Anteilen;

a) dem Achsenskelett, welches die Knochen des Kopfes, Halses und Stammes einschließt (s. Abb. 9.)

b) dem Anhangskelett, welches die Knochen der Extremitäten einschließt (s. Abb. 10).

Es ergibt sich folgende Knochenverteilung:

Achsenskelett	Schädel	29 Knochen
	Wirbelsäule	26 Knochen
	Rippen und Brustbein	25 Knochen
	Zusammen	80 Knochen
Anhangskelett	Obere Extremität	64 Knochen
	Untere Extremität	62 Knochen
	Zusammen	126 Knochen

Frage: Zu welchem Teil des Skeletts gehören die Knochen des Schädels?

a) Achsenskelett → S. 39

b) Anhangskelett → S. 40

(von S. 31)

Ihre Antwort: Straffes Bindegewebe.

Sie irren sich. Solches Gewebe dient zur Verbindung und Stützung anderer Gewebe. Es befindet sich *nicht* in den Schleimbeuteln, die das Gleiten von Muskeln oder Sehnen über knöchernen oder ligamentösen Oberflächen erleichtert. Bitte wiederholen Sie den vorausgegangenen Stoff und versuchen Sie dann, die richtige Antwort auszuwählen.

Schlagen Sie S. 31 auf.

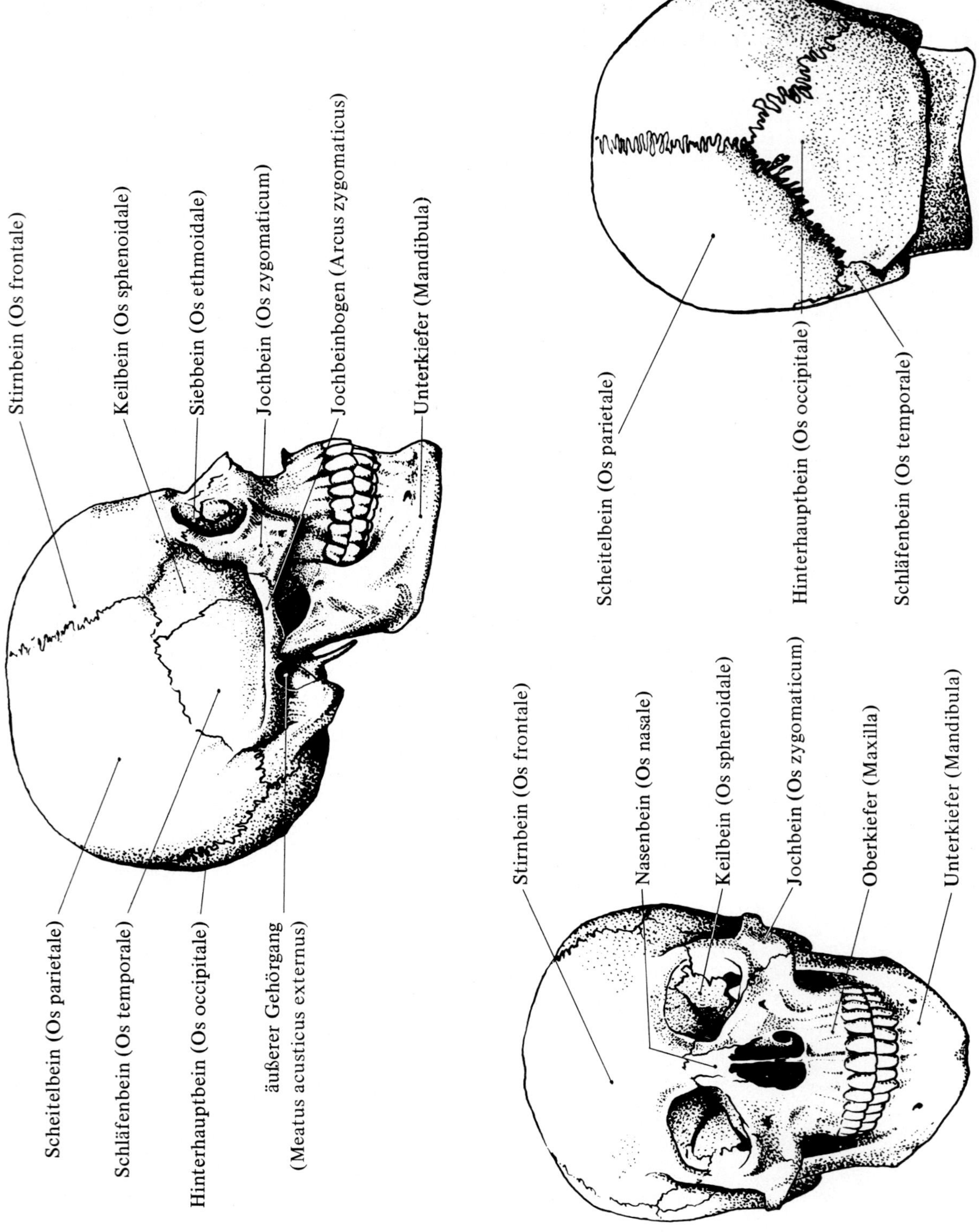

Abb. 11. Der Schädel.

(von S. 36)

Ihre Antwort: Achsenskelett.

Richtig! Die Schädelknochen sind Bestandteil des Achsenskeletts. Zum Achsenskelett gehören ebenfalls die Knochen des Thorax und des Rumpfes.

Der Schädel (Cranium)

Der Schädel (s. Abb. 11) besteht aus 29 unregelmäßig geformten Knochen. 8 dieser Knochen bilden den Hirnschädel (Neurocranium); die übrigen Knochen bilden den Gesichtsschädel (Splanchnocranium). Man spricht auch oft kurz vom Schädel im engeren Sinne einerseits, und vom Gesicht andererseits. Jedes Innenohr enthält drei winzige Knochen, die der Übertragung von Schallwellen dienen; sie sind in Abb. 11 nicht gezeigt.

Der Hirnschädel

Die Knochen des Hirnschädels – Stirnbein, Scheitelbein, Hinterhauptsbein, Schläfenbein und Keilbein – schützen das Gehirn, das sie umschließen. Man unterscheidet zwischen Schädeldach und Schädelbasis. An der Bildung der Schädelbasis (s. Abb. 12 a) ist außer den genannten Knochen noch das Siebbein beteiligt, das die Nasenhöhle nach oben begrenzt.

Die Knochen des Schädels sind durch Nähte (Suturen) verbunden. In jüngeren Jahren ist in den Nähten straffes Bindegewebe zu finden. Beim Neugeborenen werden zwischen Stirnbein und Scheitelbein und Hinterhauptsbein sogar größere Lücken, die Fontanellen, durch Bindegewebe überbrückt. Mit zunehmendem Lebensalter verknöchern die Schädelnähte.

In Stirnbein, Keilbein und Oberkieferknochen, der zum Gesichtsschädel zählt, sind Hohlräume ausgebildet, die mit der Nasenhöhle in Verbindung stehen und als Nasennebenhöhlen (Sinus) bekannt sind.

Frage: Identifizieren Sie die Schädelknochen, die in der nebenstehenden Zeichnung mit A, B, und C bezeichnet sind.

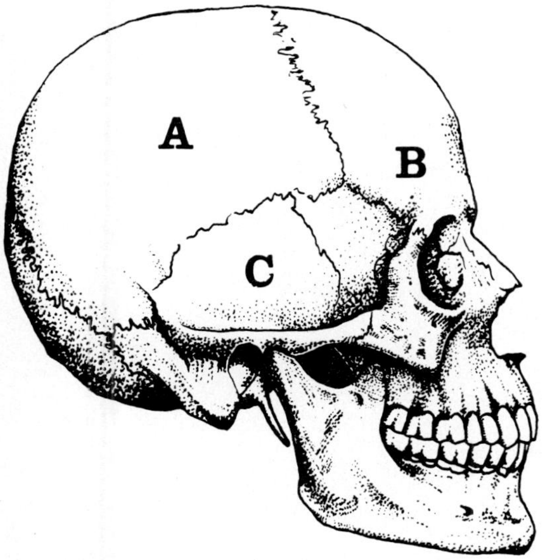

a) der mit A bezeichnete Knochen ist das Scheitelbein, der mit B bezeichnete das Stirnbein und der mit C bezeichnete das Schläfenbein → S. 42

b) der mit A bezeichnete Knochen ist das Schläfenbein, der mit B bezeichnete das Stirnbein und der mit C bezeichnete das Scheitelbein → S. 43

(von S. 36)

Ihre Antwort: Anhangskelett.

Sie irren sich. Die Knochen des Schädels gehören *nicht* zum Anhangskelett. Die Schädelknochen sind ein Teil des Achsenskeletts. Wir sagten, daß das Anhangskelett aus den Extremitäten (Arme, Beine) und dazu gehörenden Knochen wie Schulterblatt und Beckenknochen besteht.

Bitte schlagen Sie S. 39 auf und fahren Sie mit dem Programm fort.

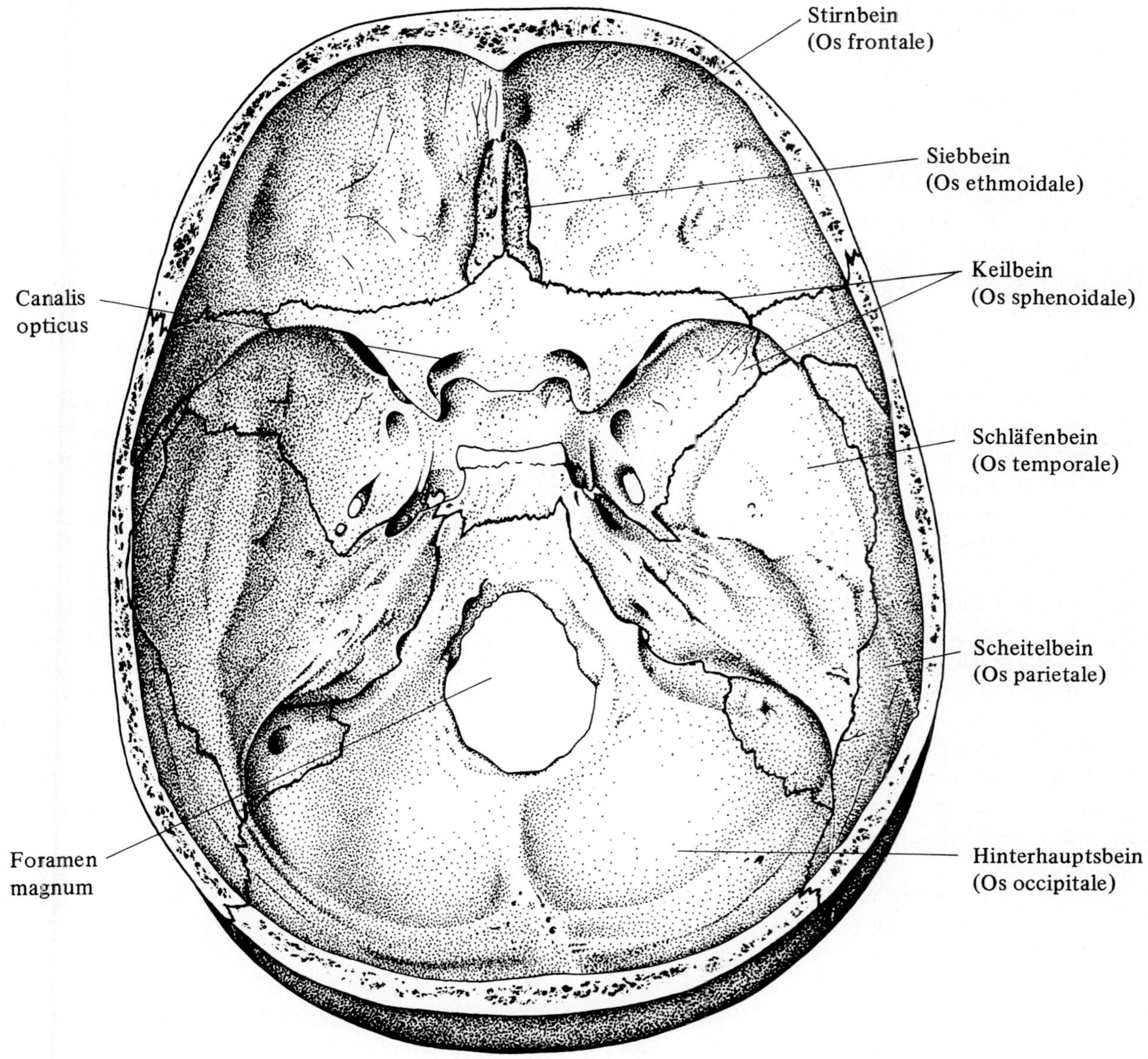

Abb. 12 a. Die Schädelbasis.

(von S. 39)
Ihre Antwort: Der mit A bezeichnete Knochen ist das Scheitelbein, der mit B bezeichnete das Stirnbein und der mit C bezeichnete das Schläfenbein.

Richtig! Sie haben die Knochen richtig erkannt.

Der Gesichtsschädel

Der Gesichtsschädel (Splanchnocranium) wird von 21 Knochen gebildet. Knochen des Hirnschädels, wie Stirnbein und Siebbein, sind ebenfalls an der Bildung des Gesichts beteiligt, und auch die Gehörknöchelchen und das Zungenbein werden hier eingeordnet. Die wichtigsten Knochen des Gesichtes sind der Oberkiefer und der Unterkiefer. Der Unterkiefer ist der größte, stärkste und kräftigste Gesichtsknochen (s. Abb. 12 b).

Das Jochbein, das die Wange bildet, ist mit dem Oberkiefer, dem Schläfenbein, dem Stirnbein und dem Keilbein des Hirnschädels verbunden. Der harte Gaumen (das knöcherne Dach des Mundes) wird in seinem vorderen Anteil vom Oberkieferknochen und in seinem hinteren Anteil von den zwei Gaumenbeinen (dünnen L-förmigen Knochen) gebildet. Diese Knochen sind so vollständig miteinander verbunden, daß der harte Gaumen wie ein einziges Gebilde erscheint. Sieben Knochen bilden die Augenhöhle (Orbita): Das Stirnbein, der Oberkiefer, das Keilbein, das Siebbein, das Jochbein, das Gaumenbein und das Tränenbein. Das Tränenbein wird so genannt, weil es einen zarten Kanal für den Tränengang enthält.

Der wichtigste Knochen der Nase – das Siebbein – wird nicht als Knochen des Gesichtsschädels eingeordnet, wie man erwarten würde, sondern gehört zum Hirnschädel. Es ist ein völlig unregelmäßig geformter Knochen, der hinter den Nasenbeinen liegt. Er formt den oberen Anteil der Nasenscheidewand, die seitlichen Wände der Nasengänge und einen Teil des Nasendaches.

Das Nasenseptum trennt den linken vom rechten Nasengang. Dieses Gebilde wird vom Pflugscharbein, das sich senkrecht über der Mittellinie des harten Gaumens erhebt, und einer nach oben anschließenden Knochenplatte des Siebbeines gebildet. Der vordere Anteil der Nasenscheidewand, der beweglich ist, besteht aus Knorpel.

Jede Nasenhöhle enthält drei schleimhautüberzogene, rollenförmige Gebilde, die Muscheln (Conchae) genannt werden. Sie unterteilen die Nasenhöhle in unregelmäßige Gänge, die Nasengänge.

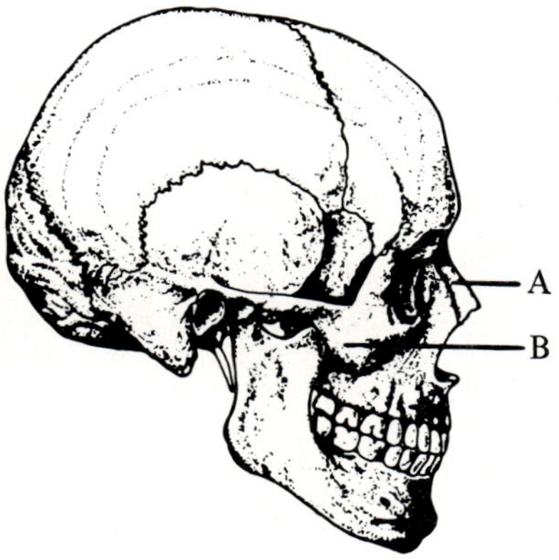

Frage: Wie heißen die in der nebenstehenden Zeichnung mit A und B bezeichneten Knochen des Gesichtsschädels?

a) der mit A bezeichnete Knochen ist das Septum, der mit B bezeichnete der Canalis opticus → S. 44

b) der mit A bezeichnete Knochen ist das Nasenbein, der mit B bezeichnete das Jochbein → S. 45

(von S. 39)

Ihre Antwort: Der mit A bezeichnete Knochen ist das Schläfenbein, der mit B bezeichnete das Stirnbein und der mit C bezeichnete das Scheitelbein.

Sie irren sich (zumindest zum Teil). Der mit A bezeichnete Knochen ist nicht das Schläfenbein, sondern das Scheitelbein. Sie haben auch den mit C bezeichneten Knochen nicht richtig erkannt. Er ist das Schläfenbein und nicht das Scheitelbein. Sie haben die beiden Knochen offensichtlich verwechselt, vielleicht weil sie nebeneinander liegen. Das Stirnbein haben Sie jedoch richtig erkannt (B). Sie sollten die verschiedenen Schädelknochen noch einmal wiederholen.

Bitte kehren Sie zu S. 39 zurück.

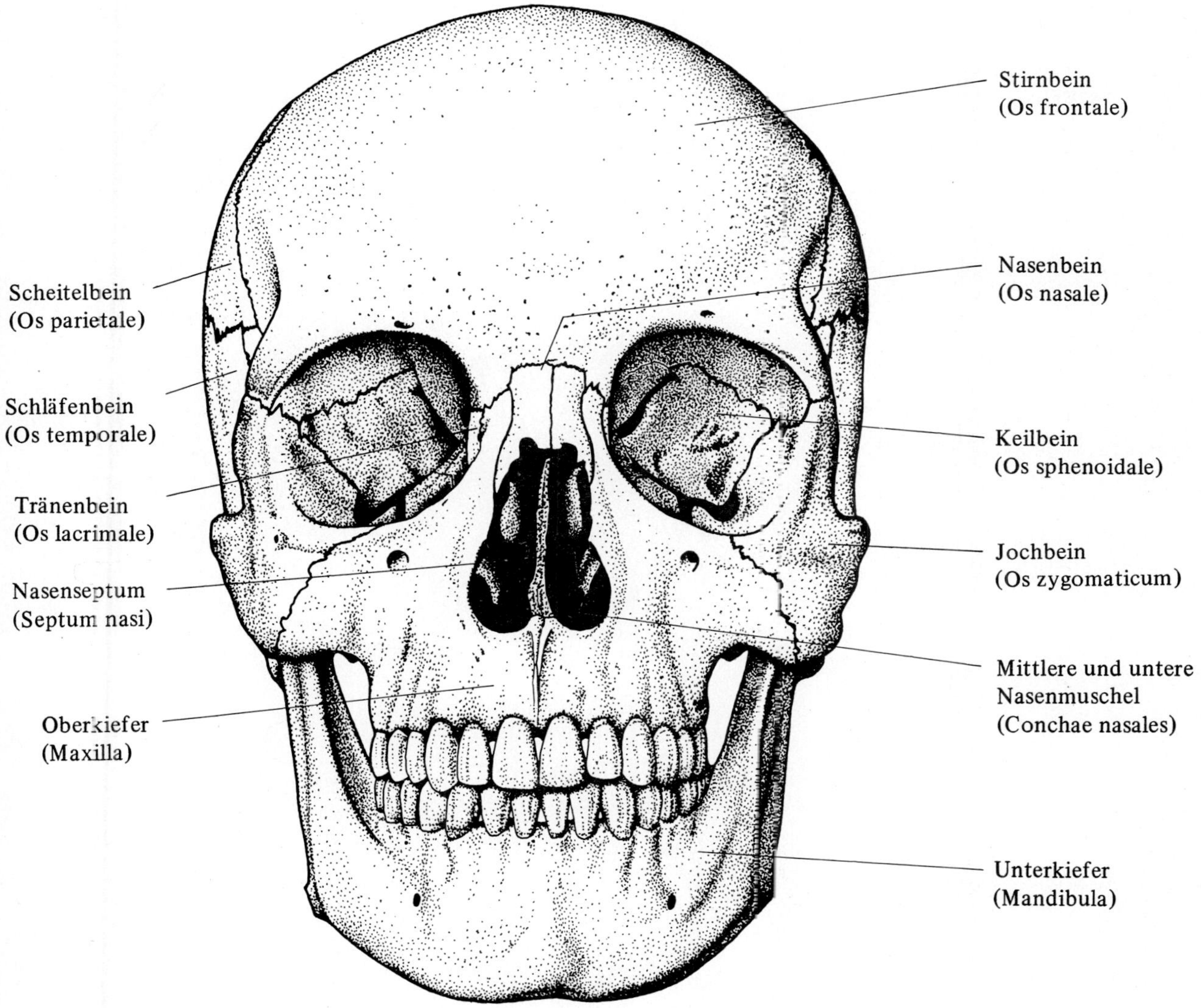

Abb. 12 b. Der Gesichtsschädel.

(von S. 42)

Ihre Antwort: Der mit A bezeichnete Knochen ist das Septum, der mit B bezeichnete der Canalis opticus.

Beide Antworten sind falsch. Erinnern Sie sich, daß das Septum als Wand, die den rechten von dem linken Nasengang trennt, definiert wurde. Es liegt hinter dem mit A bezeichneten Knochen. Der mit B bezeichnete Knochen ist *nicht* der Canlais opticus. Der Canalis opticus ist eine Öffnung in der Augenhöhle, durch die der Nervus opticus vom Gehirn zum Auge zieht. Da es Ihnen offensichtlich Schwierigkeiten macht, die verschiedenen Gesichtsknochen zu erkennen, scheint eine kurze Wiederholung des Stoffes der Abb. 12 b und der S. 42 angebracht.

Bitte kehren Sie zu S. 42 zurück.

(von S. 42)

Ihre Antwort: Der mit A bezeichnete Knochen ist das Nasenbein, der mit B bezeichnete das Jochbein.

Richtig! Der mit A bezeichnete Knochen ist das Nasenbein (es gibt zwei Hälften). Diese Knochen formen mit dem Siebbein und verschiedenen anderen Knochen zusammen die Nase. Der mit B bezeichnete Knochen ist das Jochbein, das mit einigen Gesichtsknochen Berührung hat und die Wange bildet.

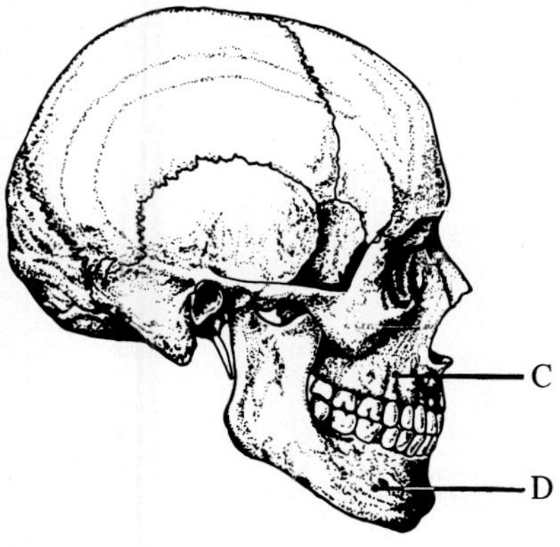

Frage: Identifizieren Sie die Gesichtsknochen, die in der nebenstehenden Zeichnung mit C und D bezeichnet sind.

a) der mit C bezeichnete Knochen ist der Unterkiefer, der mit D bezeichnete der Oberkiefer → S. 46

b) der mit C bezeichnete Knochen ist der Oberkiefer, der mit D bezeichnete der Unterkiefer → S. 48

(von S. 45)

Ihre Antwort: Der mit C bezeichnete Knochen ist der Unterkiefer, der mit D bezeichnete der Oberkiefer.

Sie irren sich in beiden Fällen. Sie haben die Namen der Knochen gerade verwechselt. Der Oberkiefer (oder die Oberkieferknochen, da es zwei von ihnen gibt) ist mit C bezeichnet. Der Unterkiefer, den wir den größten, stärksten und kräftigsten Gesichtsknochen nannten, ist mit B bezeichnet. Es ist leicht zu merken, daß die Oberkiefer (Maxillae) oben liegen, der Unterkiefer (Mandibula) unten.

Wenn Sie wiederholen wollen, schlagen Sie bitte S. 42 auf, sonst S. 47.

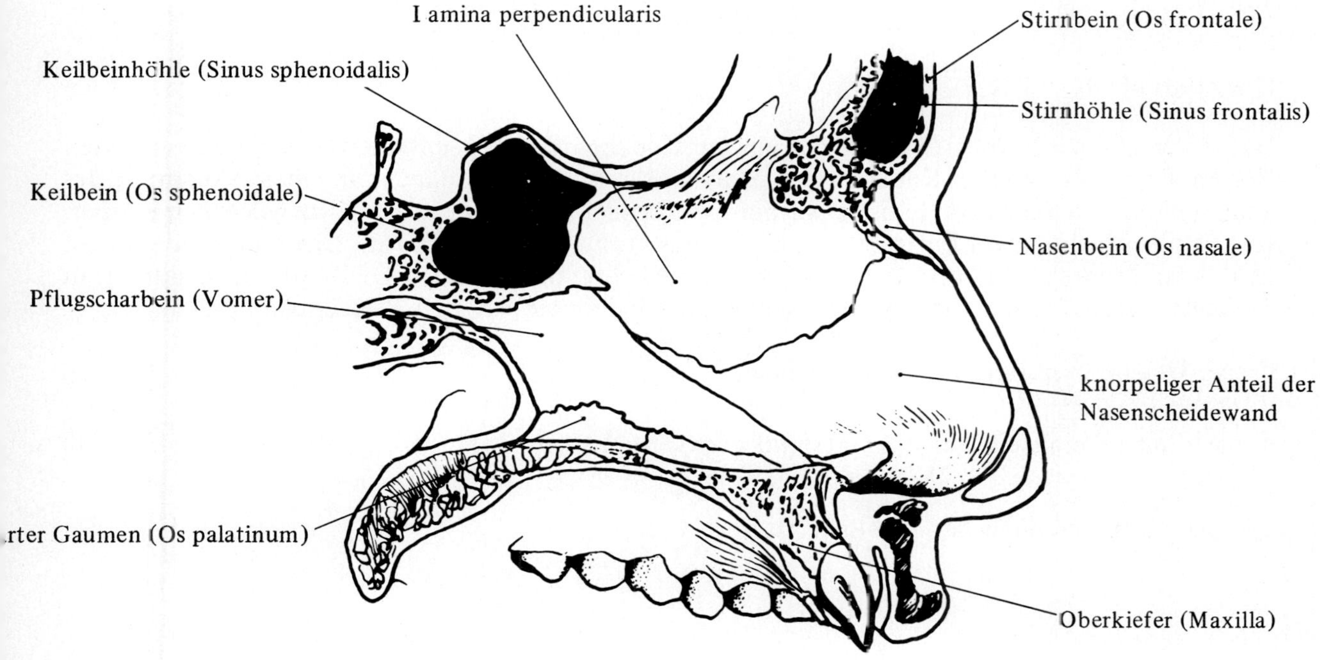

Abb. 13 a. Knochen, die die Nasenscheidewand und den harten Gaumen bilden.

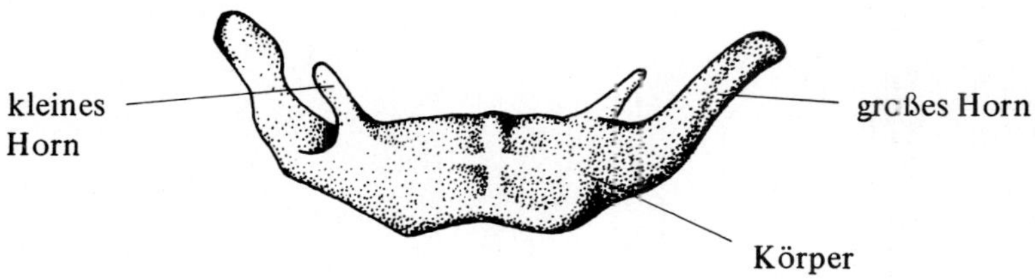

Abb. 13 b. Das Zungenbein.

(von S. 45)

Ihre Antwort: Der mit C bezeichnete Knochen ist der Oberkiefer, der mit D bezeichnete der Unterkiefer.

Richtig! Der mit C bezeichnete Knochen ist der Oberkiefer. Jede Gesichtsseite hat einen Oberkieferknochen. Der Unterkiefer (mit D bezeichnet) ist der größte und stärkste Knochen des Gesichtes.

Das Zungenbein

Das Zungenbein (s. Abb. 13 b) ist der einzige Knochen des Achsenskelettes, der keine direkten Verbindungen zu anderen Knochen hat. Statt dessen ist es durch Bänder an einem Vorsprung des Schläfenbeines aufgehängt. Es ist etwa hufeisenförmig, mit einem in der Mitte gelegenen Körper, von dem seitlich je zwei Fortsätze ausgehen (das große und kleine Horn). Das Zungenbein bietet den vielen Muskeln einen Ansatzpunkt. Wenn Sie knapp oberhalb des Kehlkopfs (Adamsapfel) in die Tiefe tasten, können Sie das an Muskeln und Bändern aufgehängte Zungenbein fühlen.

Frage: Welche Funktion hat das Zungenbein?

a) das Zungenbein stellt einen Ansatzpunkt für viele Muskeln dar → S. 50

b) das Zungenbein dient der Schallübertragung → S. 51

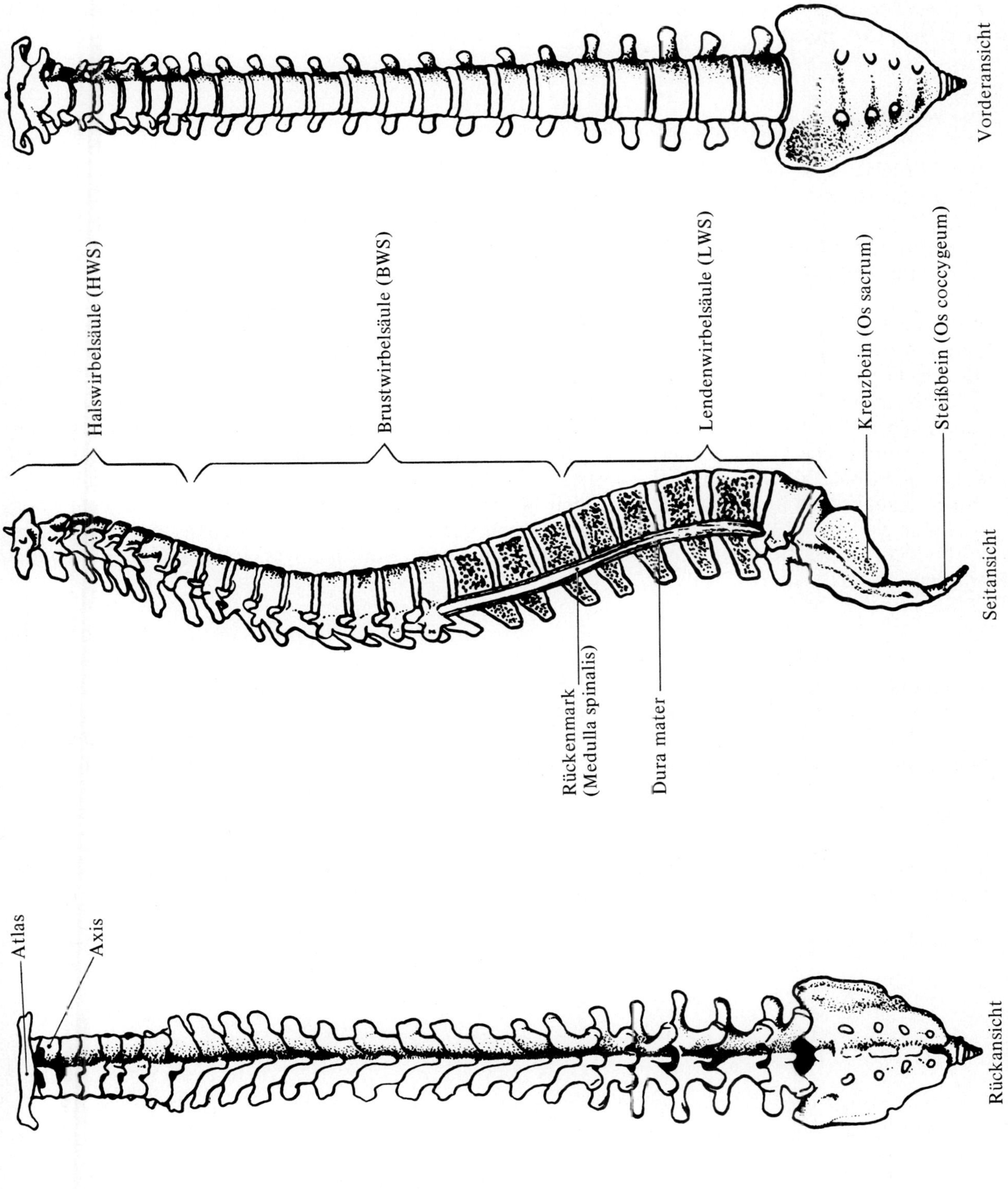

Abb. 14. Die Wirbelsäule.

(von S. 48)

Ihre Antwort: Das Zungenbein stellt einen Ansatzpunkt für viele Muskeln dar.

Richtig! Das Zungenbein stellt tatsächlich für viele Muskeln einen Ansatzunkt dar. Die Muskulatur des Mundbodens setzt hier an. Andere Muskeln ziehen vom Zungenbein zum Kehlkopf oder zum Brustbein (Sternum).

Die Wirbelsäule

Die Wirbelsäule stellt die Längsachse des Skeletts dar. Sie ist einerseits stark genug, um den Körper zu stützen, und andererseits ist sie ausreichend biegsam, um ein gewisses Maß an Beweglichkeit zu gewährleisten. Außer der Stützfunktion für den Körper dient die Wirbelsäule noch einem anderen Zweck; sie schützt das Rückenmark, welches sich in dem von den Wirbelbögen gebildeten Rohr befindet.

Wie es die Abb. 14 zeigt, besteht die Wirbelsäule aus 26 verschiedenen Knochen, die Wirbel genannt werden. Davon sind 24 Wirbel durch faserknorpelige Zwischenwirbelscheiben verbunden, die als Polster dienen und ein erhebliches Maß an Bewegungsfreiheit zulassen. Die restlichen 2 Knochen der Wirbelsäule, das Kreuzbein und das Steißbein, sind aus fest miteinander verwachsenen Wirbeln entstanden. Die einzelnen Wirbel sind durch Bänder eng miteinander verbunden. Diese anatomischen Gegebenheiten und die Gelenke zwischen den einzelnen Wirbeln gestatten es, daß die Wirbelsäule als ganzes nach vorn, nach hinten und zur Seite bewegt werden kann. Der innere Kanal der Wirbelsäule wird von den Bögen der einzelnen Wirbel gebildet. In diesem Kanal befindet sich das Rückenmark. Nerven verlassen das Rückenmark durch Öffnungen (Zwischenwirbellöcher oder Foramina intervertebralia), die durch Einkerbungen in den Wirbeln gebildet werden.

Die 26 Knochen, die die Wirbelsäule bilden, werden folgendermaßen unterteilt: 7 Halswirbel, die das Skelett des Halses bilden; 12 Brustwirbel, die so genannt werden, weil sie an der Rückseite der Brusthöhle liegen; 5 Lendenwirbel, welche den Rumpf in seinem schlanksten Teil stützen; das Kreuzbein, ein einziger Knochen, der aus der Fusion von fünf Wirbeln entsteht, und das Steißbein, welches aus vier fest miteinander verwachsenen Wirbeln gebildet wird. Zwischen den Wirbeln des Kreuzbeins und Steißbeins gibt es deshalb auch keine Zwischenwirbelscheiben.

Frage: Welche der folgenden Aussagen beschreibt am genauesten die Wirbelsäule?

a) die Wirbelsäule stellt die starre Längsachse des Skeletts dar und besteht aus 7 Hals-, 12 Brust- und 5 Lendenwirbeln, außerdem dem Kreuzbein und dem Steißbein → S. 52

b) die Wirbelsäule besteht aus 26 Knochen → S. 54

(von S. 48)

Ihre Antwort: Das Zungenbein dient der Schallübertragung.

Sie irren sich. Das Zungenbein dient *nicht* der Schallübertragung. Es dient der Muskulatur des Mundbodens als Ansatzpunkt. Die einzigen Knochen, die bei der Schallübertragung mitwirken, sind die kleinen Knochen des Mittelohres (Hammer, Amboß und Steigbügel).

Bitte fahren Sie auf S. 50 mit dem Programm fort.

(von S. 50)

Ihre Antwort: Die Wirbelsäule stellt die starre Längsachse des Skeletts dar und besteht aus 7 Hals-, 12 Brust- und 5 Lendenwirbeln, außerdem dem Kreuzbein und dem Steißbein.

Sie irren sich, jedenfalls was das Wort „starr" angeht. Ansonsten ist die genannte Antwort eine exakte Beschreibung der Hauptstützfunktion der Wirbelsäule. Wenn Sie sich jemals gebückt haben, um Ihre Schuhe zu binden oder um einen Gegenstand aufzuheben, so werden Sie beistimmen, daß die Wirbelsäule durchaus nicht starr ist. Um sicher zu gehen, daß Sie den Aufbau der Wirbelsäule wirklich verstehen, sollten Sie den Stoff auf S. 50 wiederholen.

Bitte kehren Sie zu S. 50 zurück.

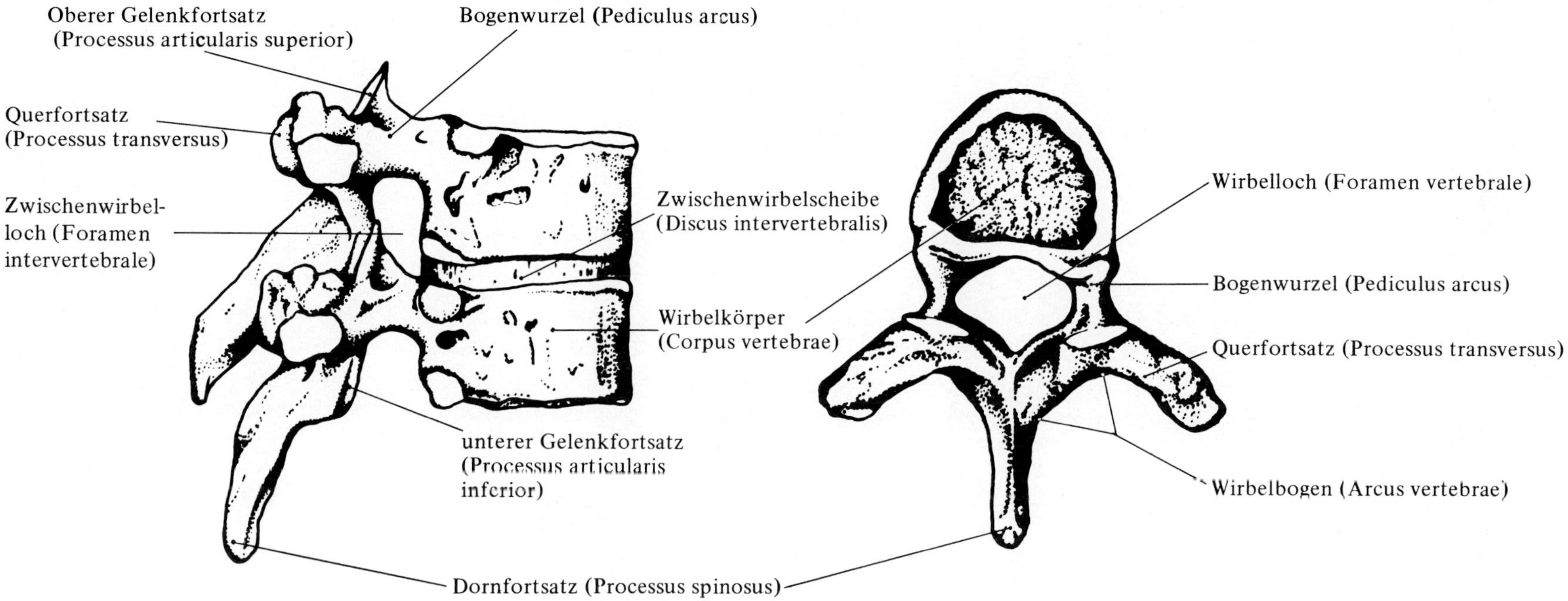

Abb. 15. Blick auf den Brustwirbel von der Seite und von oben. Die Wirbel der Hals- und Lendenwirbelsäule weichen geringfügig in ihrer Form davon ab.

(von S. 50)

Ihre Antwort: Die Wirbelsäule besteht aus 26 Knochen.

Richtig! Ihre Antwort beschreibt genau die allgemeine Beschaffenheit der Wirbelsäule. Die andere Antwort war zum Teil auch richtig, das Wort „starr" war jedoch falsch. Die Wirbelsäule ist nicht starr im eigentlichen Sinn des Wortes, sie ist sehr biegsam und zu Bewegungen in verschiedenen Richtungen fähig.

Die Wirbel

Grundsätzlich haben alle Wirbel das gleiche charakteristische Aussehen, kleine Abweichungen der Form werden jedoch in den verschiedenen Abschnitten der Wirbelsäule beobachtet. So bildet z.B. eine nach oben gerichtete Ausziehung des Körpers des zweiten Halswirbels einen Zapfen, auf dem sich der Kopf dreht. Alle Brustwirbel haben Gelenkflächen, durch die sie mit den Rippen in Verbindung stehen. Einen typischen Wirbel zeigt die Abb. 15. Wie zu erkennen ist, besteht er aus einem zylindrischen Spongiosablock, dem Wirbelkörper, weiter aus Gelenkfortsätzen, um die Verbindung mit benachbarten Wirbeln herzustellen, aus einem Dornfortsatz, der den Rückenmuskeln als Ansatz dient, einem Wirbelloch, d. h. einer Öffnung, durch die das Rückenmark zieht, ferner beiderseits aus einer Bogenwurzel, die auf der oberen und unteren Seite genutet ist, so daß längs der Wirbelsäule beidseits eine Reihe von Löchern entsteht, durch die die vom Rückenmark kommenden Nerven austreten können, und schließlich einem Bogen, der die hintere Begrenzung der Wirbelsäule bildet.

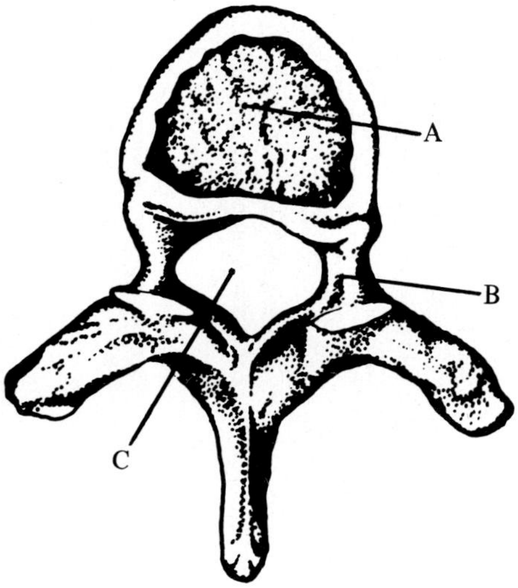

Frage: Die nebenstehende Abbildung zeigt einen typischen Brustwirbel. Wie heißen die mit A, B und C bezeichneten Stellen?

a) die mit A bezeichnete Stelle ist der Wirbelkörper, die mit B bezeichnete die Bogenwurzel und die mit C bezeichnete das Wirbelloch → S. 56

b) die mit A bezeichnete Stelle ist der Wirbelbogen, die mit B bezeichnete der Dornfortsatz und die mit C bezeichnete das Zwischenwirbelloch → S. 57

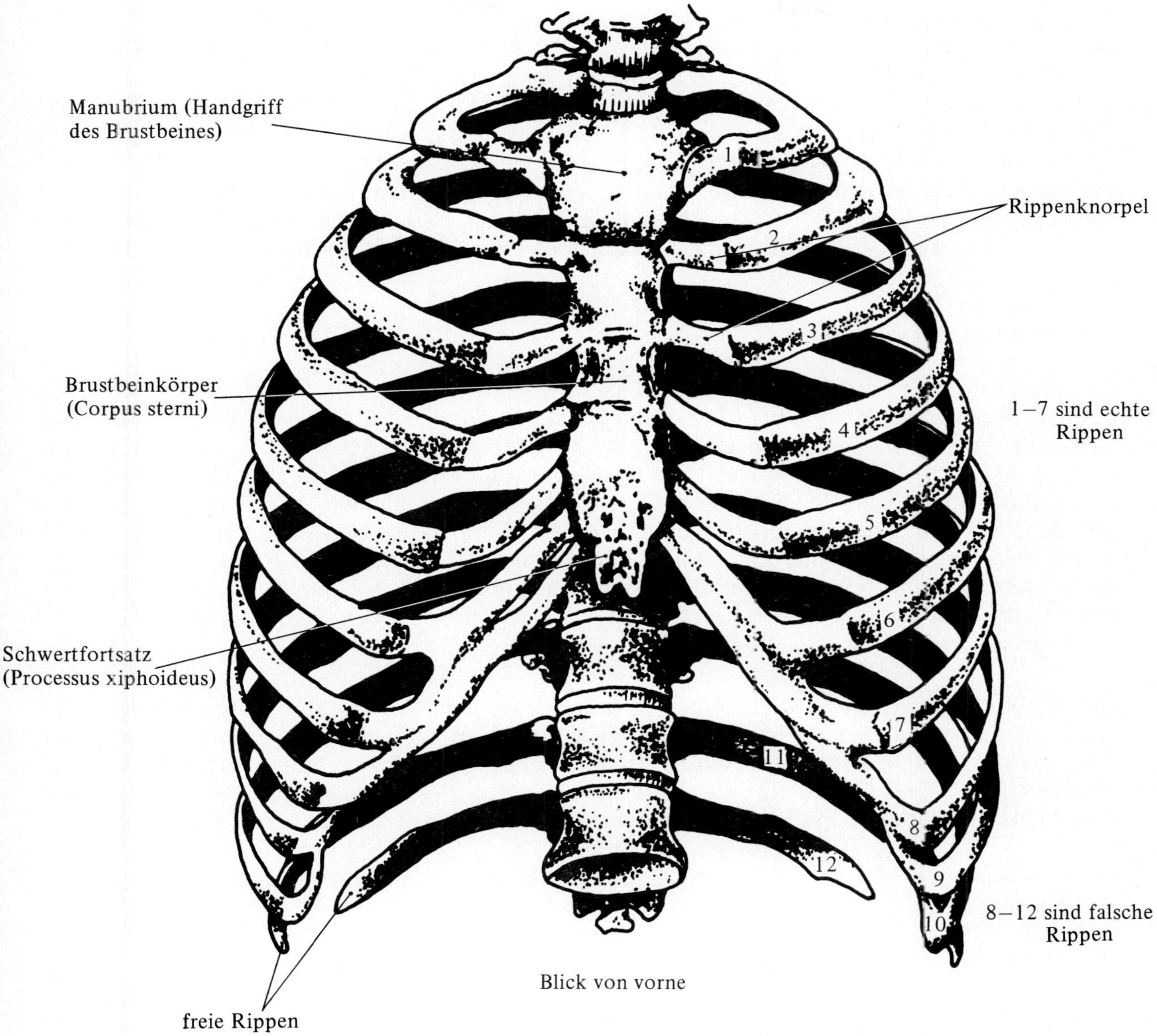

Abb. 16. Das Brustbein und die Rippen.

(von S. 54)

Ihre Antwort: Die mit A bezeichnete Stelle ist der Wirbelkörper, die mit B bezeichnete die Bogenwurzel und die mit C bezeichnete das Wirbelloch.

Richtig! Bevor wir die Wirbel weiter im einzelnen besprechen, wollen wir das Vorausgegangene kurz wiederholen. Wie Sie sich erinnern, sind die Wirbel sehr unregelmäßig geformte Knochen, die die Wirbelsäule bilden. Sie sind durch knorpelige Zwischenwirbelscheiben voneinander getrennt, werden jedoch durch Bänder eng zusammengehalten. Jeder Wirbel hat ein Loch (Wirbelloch), durch welches das Rückenmark zieht. Die durch Einkerbungen in den Bogenwurzeln gebildeten Öffnungen erlauben das Durchtreten von Nerven zum Rückenmark hin und vom Rückenmark fort. Gelenkfortsätze ermöglichen die gelenkige Verbindung mit den Nachbarwirbeln, und die Dornfortsätze dienen als Ansatz von Muskeln an jedem Wirbel. Beim erwachsenen Menschen können 7 Hals-, 12 Brust-, 5 Lendenwirbel, das Kreuzbein und das Steißbein unterschieden werden.

Das Brustbein und die Rippen

Das Brustbein oder Sternum ist der dolchförmige Knochen, der die mittlere Brustwand bildet. Es besteht aus drei Teilen (s. Abb. 16), dem oberen griffähnlichen Teil, der Manubrium genannt wird, dem mittleren klingenähnlichen Teil, der als Körper bezeichnet wird und dem knorpeligen unteren Anteil, dem Schwertfortsatz. Der Schwertfortsatz verknöchert im Erwachsenenalter. Das Manubrium ist mit dem Schlüsselbein (Clavicula) gelenkig verbunden. Die 1. bis 7. Rippe sind mit dem Sternum über den Rippenknorpel direkt durch Gelenke verbunden. Die 8. bis 10. Rippe bilden gemeinsam den knorpeligen Rippenbogen, der sich der 7. Rippe anschließt. Das Zwerchfell und ein großer Muskel der Bauchdecke (M. rectus abdominis) setzen am Schwertfortsatz an. Das Brustbein, die Rippen und die Brustwirbel bilden das knöcherne Gerüst des Brustkorbes.

Die 12 Rippenpaare haben ihren Namen von ihrem vorderen Ansatz. Die 7 oberen Rippen, die das Brustbein direkt über Rippenknorpel erreichen, werden echte Rippen genannt. Die nächsten fünf, die mit dem Brustbein indirekt durch einen knorpeligen Bogen oder überhaupt nicht verbunden sind, heißen falsche Rippen. Von diesen heißen die letzten beiden Rippen auch freie Rippen, da ihre vorderen Enden keinerlei Kontakt zum Brustbein haben.

Frage: Welche der folgenden Rippenarten erreichen das Brustbein direkt unter Zwischenschaltung von Knorpeln?

a) echte Rippen → S. 60

b) falsche Rippen → S. 61

c) freie Rippen → S. 62

(von S. 54)

Ihre Antwort: Die mit A bezeichnete Stelle ist der Wirbelbogen, die mit B bezeichnete der Dornfortsatz und die mit C bezeichnete das Zwischenwirbelloch.

Sie irren sich. Keines der oben genannten Gebilde ist in der Zeichnung benannt. Ihre Antwort zeigt, daß Sie den auf S. 54 gebotenen Stoff noch einmal durcharbeiten müssen. Bitte tun Sie dies gründlich, bevor Sie mit dem Programm fortfahren.

Schlagen Sie S. 54 auf.

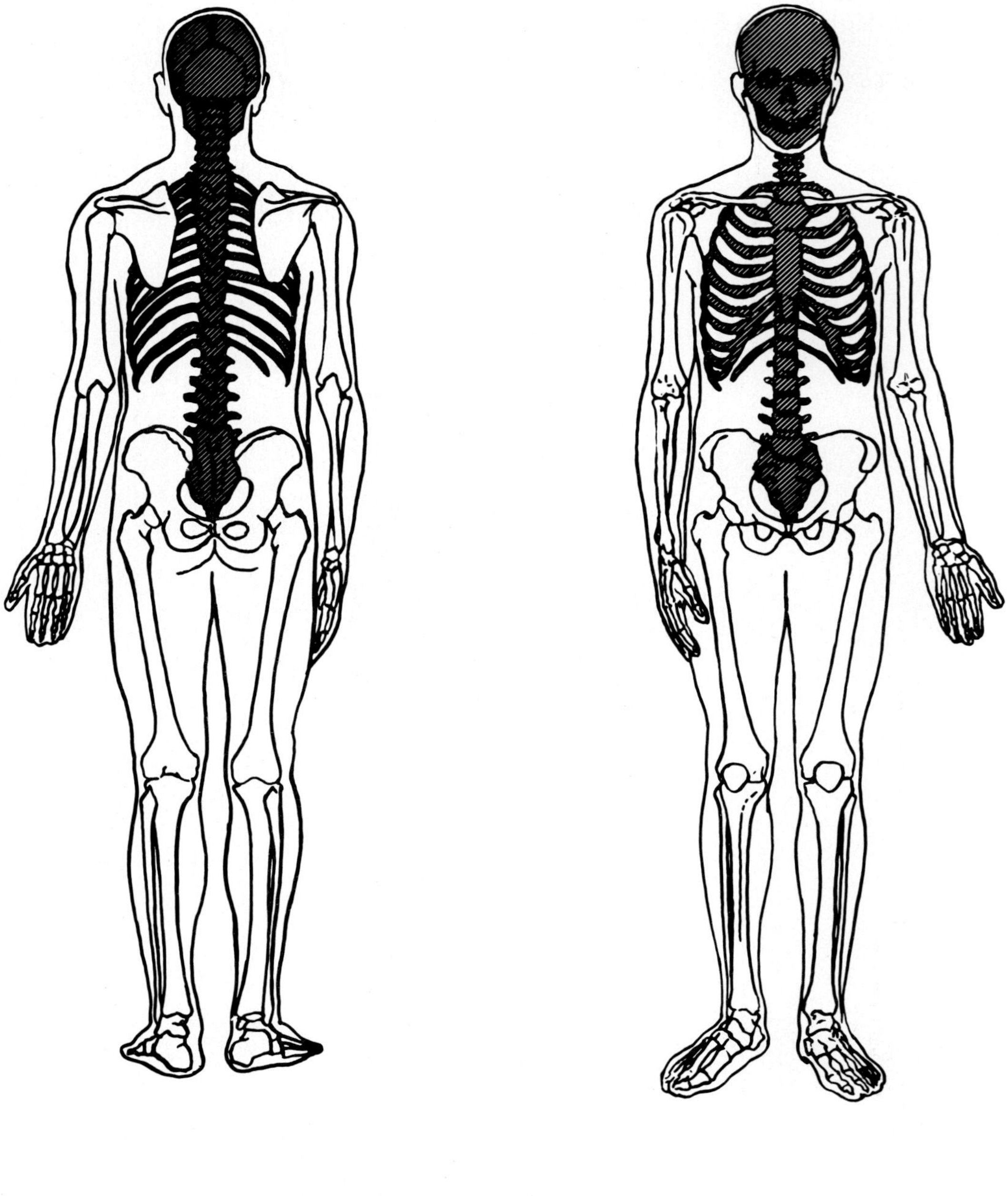

Abb. 17. Das Anhangskelettsystem (unschraffierte Gebiete).

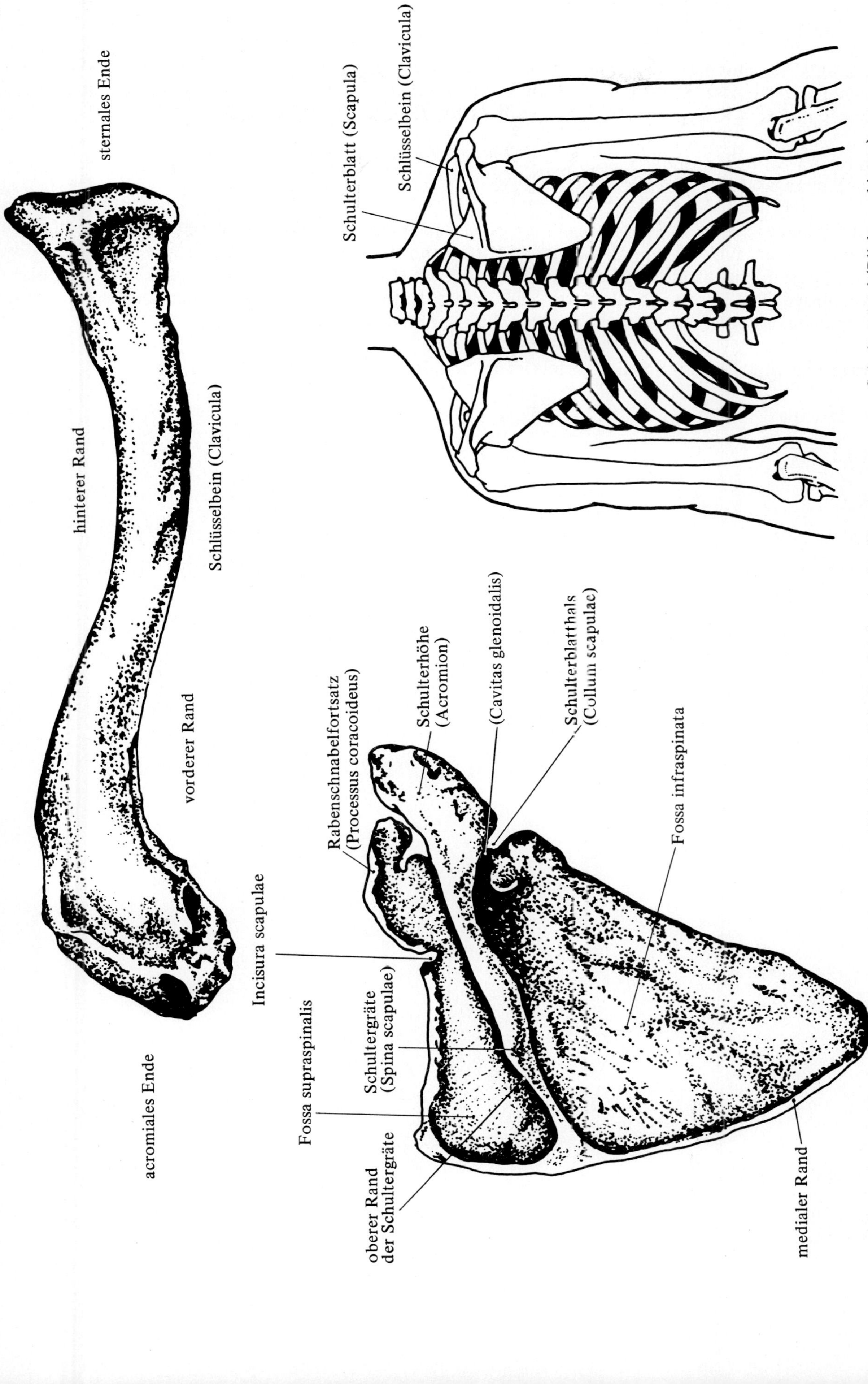

Schulterblatt (Scapula)

Schultergürtel (Blick von hinten)

Abb. 18. Der Schultergürtel und seine Knochen.

(von S. 56)

Ihre Antwort: Echte Rippen.

Richtig! Die echten Rippen sind mit dem Brustbein direkt durch Rippenknorpel verbunden. Dies ist nicht so bei der 8., 9. und 10. Rippe. Bei diesen ist der Knorpel der 9. und 10. Rippe bogenförmig mit dem Knorpel der 8. Rippe verbunden, der sich der 7. Rippe anschließt.

Das Anhangskelett

Zum Anhangskelett (s. Abb. 17) gehören zunächst die Knochen der oberen Extremität – Schultergürtel, Oberarm, Unterarm, Handwurzel, Mittelhand und Finger. Wie Abb. 18 zeigt, besteht der Schultergürtel aus zwei Knochen, dem Schlüsselbein (Clavicula) und dem Schulterblatt (Scapula). Der übrige Teil des Anhangskeletts, die untere Extremität, besteht aus den Beckenknochen, Oberschenkelknochen, Unterschenkelknochen und den Knochen des Fußes.

Frage: Welcher Teil des Schultergürtels ist als Schulterblatt bekannt?

a) Clavicula → S. 63

b) Scapula → S. 65

(von S. 56)

Ihre Antwort: Falsche Rippen.

Sie irren sich. Die falschen Rippen stehen *nicht* direkt über Rippenknorpel mit dem Sternum in Verbindung. Die Knorpel der 9. und 10. Rippe verbinden sich bogenförmig mit dem Knorpel der 8. Rippe. Die anderen beiden flachen Rippen, die 11. und 12., artikulieren überhaupt nicht mit dem Brustbein und werden daher auch als freie Rippen bezeichnet. Sie sollten noch einmal den Stoff auf S. 56 wiederholen, bevor Sie mit dem Programm fortfahren.

Bitte kehren Sie zu S. 56 zurück.

(von S. 56)

Ihre Antwort: Freie Rippen.

Sie irren sich. Die freien Rippen sind *überhaupt nicht* mit dem Sternum – weder direkt noch indirekt – verbunden, ihre Enden liegen völlig frei. Lassen Sie uns eine Wiederholung einschalten, da Sie einiges zu verwechseln scheinen.

Die zwölf Rippenpaare bilden zusammen mit dem Brustbein (Sternum) und den Brustwirbeln das knöcherne Gerüst des Brustkorbes (Thorax). Die ersten 7 Rippen (die echten Rippen) sind mit dem Brustbein direkt durch einzelstehende Rippenknorpel verbunden, während der Knorpel der 9. und 10. Rippe bogenförmig mit dem der 8. Rippe verbunden ist. Die 11. und 12. Rippe werden freie Rippen genannt, da ihre vorderen Enden das Brustbein nicht erreichen. Die unteren 5 Rippenpaare nennt man falsche Rippen, da sie mit dem Brustbein nur indirekt oder überhaupt nicht verbunden sind.

Bitte schlagen Sie S. 60 auf und fahren Sie mit dem Programm fort.

(von S. 60)

Ihre Antwort: Clavicula.

Sie irren sich. Die Clavicula ist *nicht* das Schulterblatt. Das Schulterblatt, die Scapula, ist ein großer platter Knochen. Die Clavicula ist das Schlüsselbein. Beide Knochen – die Scapula und die Clavicula – bilden zusammen den Schultergürtel.

Bitte schlagen Sie S. 65 auf und fahren Sie mit dem Programm fort.

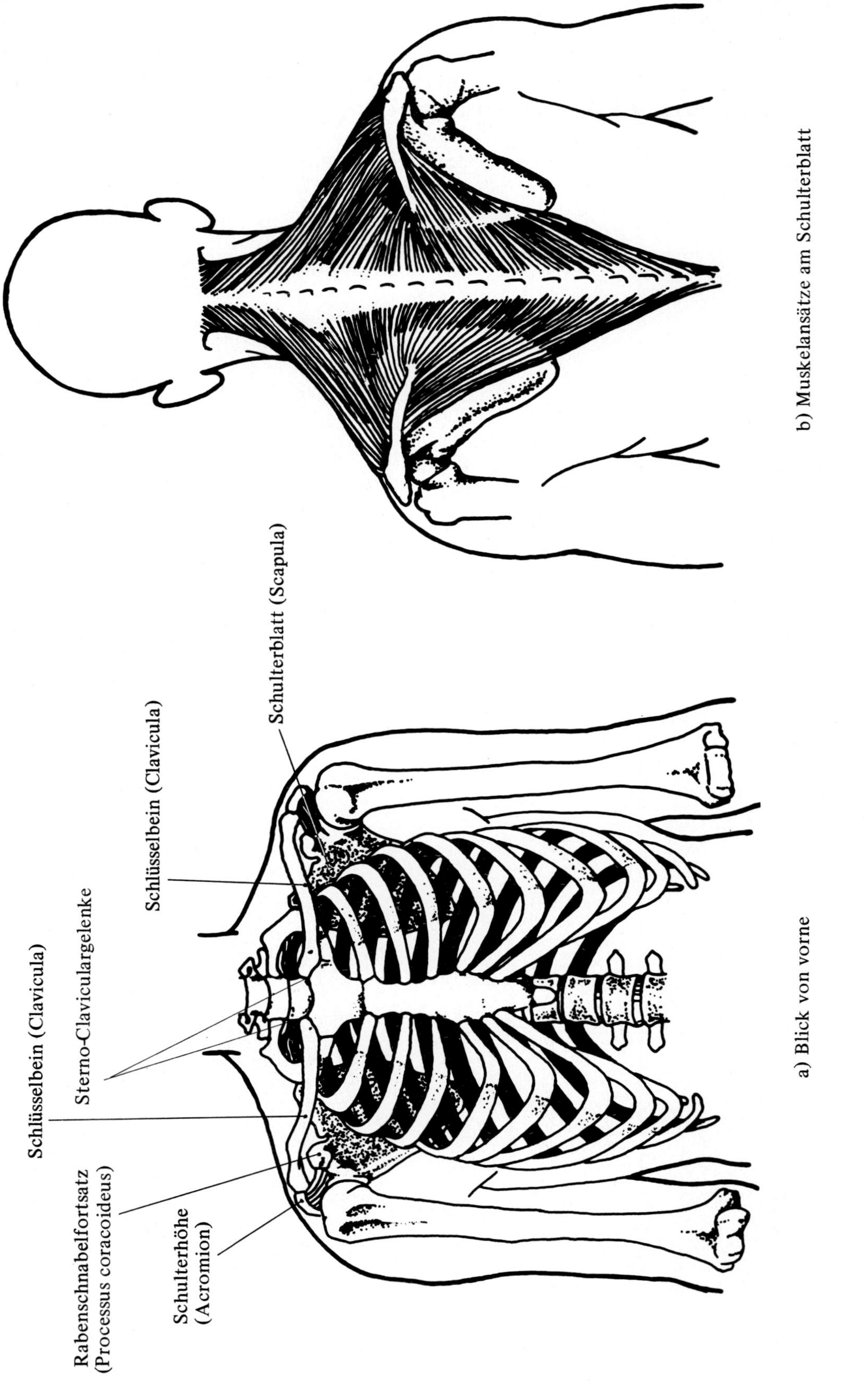

Abb. 19. Der Schultergürtel.

(von S. 60)

Ihre Antwort: Scapula.

Richtig! Die Scapula, ein großer platter Knochen, wird auch Schulterblatt genannt; sie bildet zusammen mit dem Schlüsselbein (Clavicula) den Schultergürtel. Obwohl es das äußere Erscheinungsbild nicht gleich vermuten läßt, hat der Schultergürtel nur *eine* knöcherne Gelenkverbindung mit dem Rumpf, nämlich im Sterno-Claviculargelenk, das an der Stelle liegt, an der sich Sternum und Clavicula berühren (Abb. 19 a). Wie es die Abbildung zeigt, artikuliert die Clavicula mit der Scapula an ihrem seitlichen Ende, das auch acromiales Ende genannt wird. Die Scapula wiederum ist mit den Rippen durch Muskeln, nicht jedoch durch Gelenke verbunden (Abb. 19 b).

Frage: Mit welchem Ende – sternal oder acromial – artikuliert die Clavicula mit dem Rumpf?

a) sternal → S. 67

b) acromial → S. 68

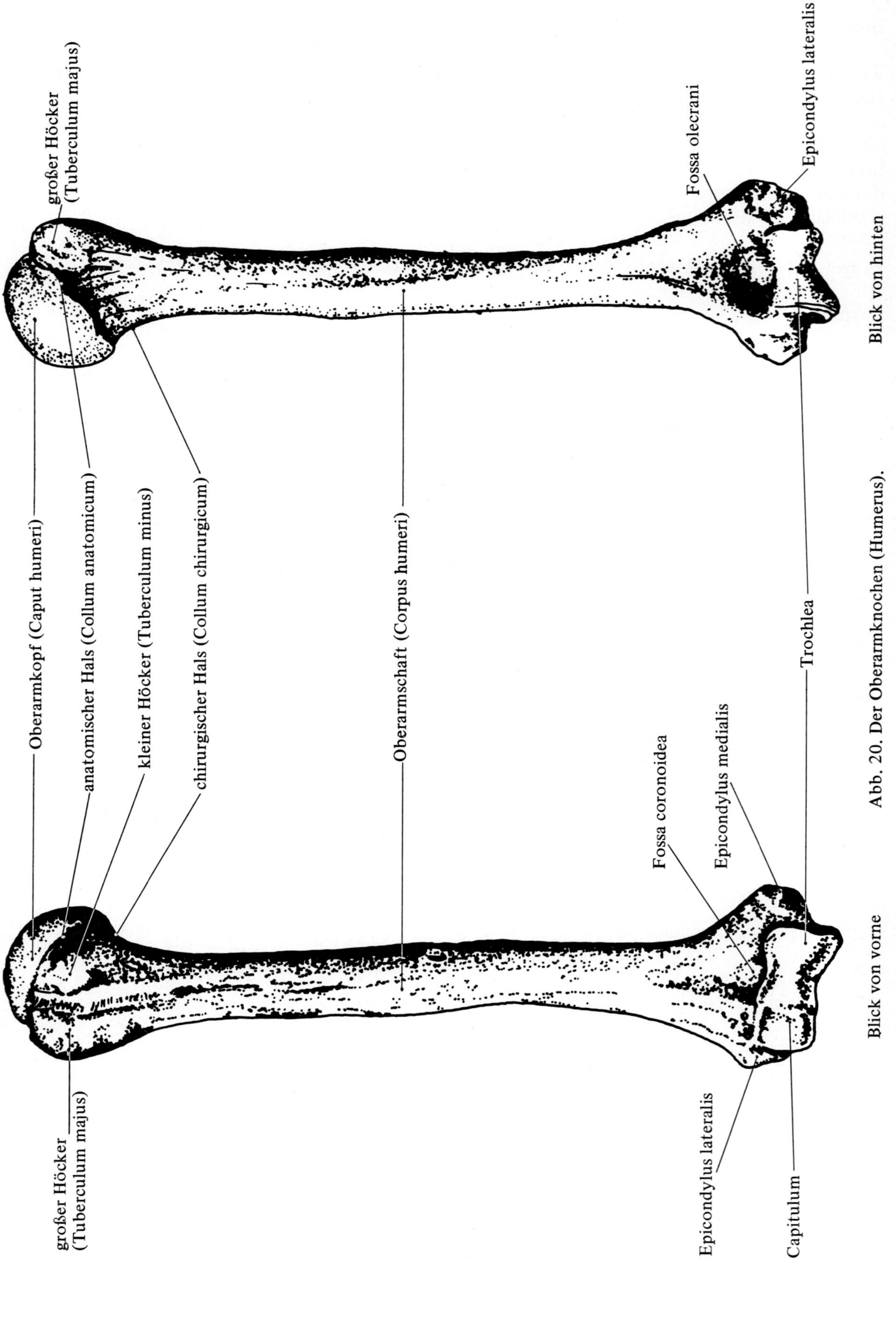

Abb. 20. Der Oberarmknochen (Humerus).

(von S. 65)

Ihre Antwort: Sternal.

Richtig! Das sternale Ende der Clavicula artikuliert mit dem Rumpf im Sterno-Claviculargelenk. In alle Schulterbewegungen ist dieses Gelenk mit einbezogen.

Der Oberarmknochen (Humerus)

Wie Sie in Abb. 20 sehen, hat der Humerus einen abgerundeten Kopf, unter welchem Höcker und knöcherne Ausziehungen zu finden sind. Der Oberarmkopf ist mit dem Oberarmschaft durch den anatomischen Hals verbunden. Unterhalb des anatomischen Halses befindet sich der chirurgische Hals. Er wird so genannt, weil hier, insbesondere bei älteren Menschen, häufig Frakturen auftreten.

Das körperferne Ende des Humerus hat beidseits je einen Epicondylus und darunter zwei abgerundete Knochenoberflächen, Capitulum und Trochlea genannt. Das Capitulum artikuliert mit der Speiche (Radius), während die Trochlea mit der Elle (Ulna) in gelenkiger Verbindung steht. Zwischen den Epicondylen befindet sich die Fossa coronoidea und die Fossa olecrani. Die Fossa coronoidea liegt an der vorderen Oberfläche des Knochens und nimmt bei der Beugung des Armes den Processus coronoideus (einen knöchernen Vorsprung) der Ulna auf. Die Fossa olecrani befindet sich an der hinteren Oberfläche des Humerus und nimmt bei der Streckung des Armes den Processus olecrani der Ulna auf.

Frage: Welcher Teil des Humerus steht mit dem Schulterblatt in gelenkiger Verbindung?

a) der Oberarmkopf (Caput humeri) → S. 70

b) das Capitulum → S. 71

c) die Trochlea → S. 72

(von S. 65)

Ihre Antwort: Acromial.

Sie irren sich. Das acromiale Ende der Clavicula artikuliert mit dem Acromion der Scapula, *nicht* mit dem Rumpf. Diese Verhältnisse werden in der unten stehenden Zeichnung dargestellt. Wie ersichtlich, artikuliert die Clavicula an ihrem sternalen Ende im Sterno-Claviculargelenk mit dem Rumpf. Es würde für Sie gut sein, wenn Sie noch einmal den Stoff von S. 65 wiederholen, bevor Sie mit dem Programm fortfahren.

Bitte kehren Sie zu S. 65 zurück.

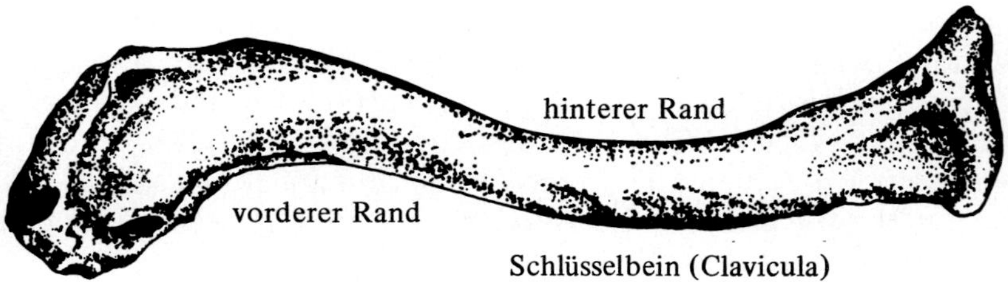

Schlüsselbein (Clavicula)

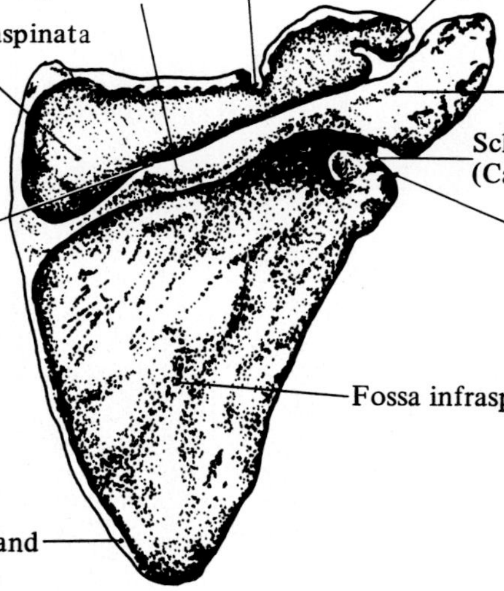

Schulterblatt (Scapula)

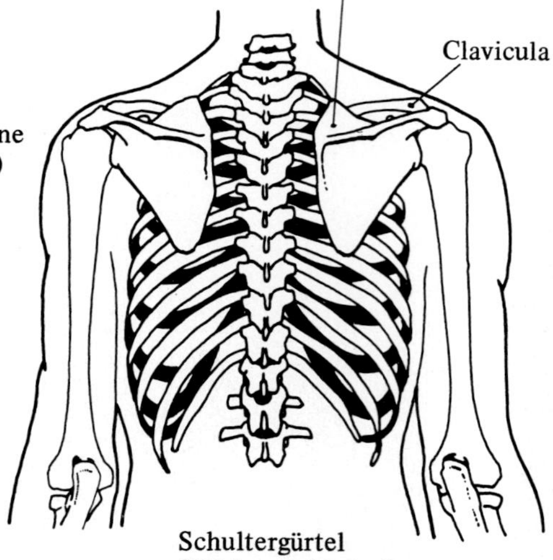

Schultergürtel
(Blick von hinten)

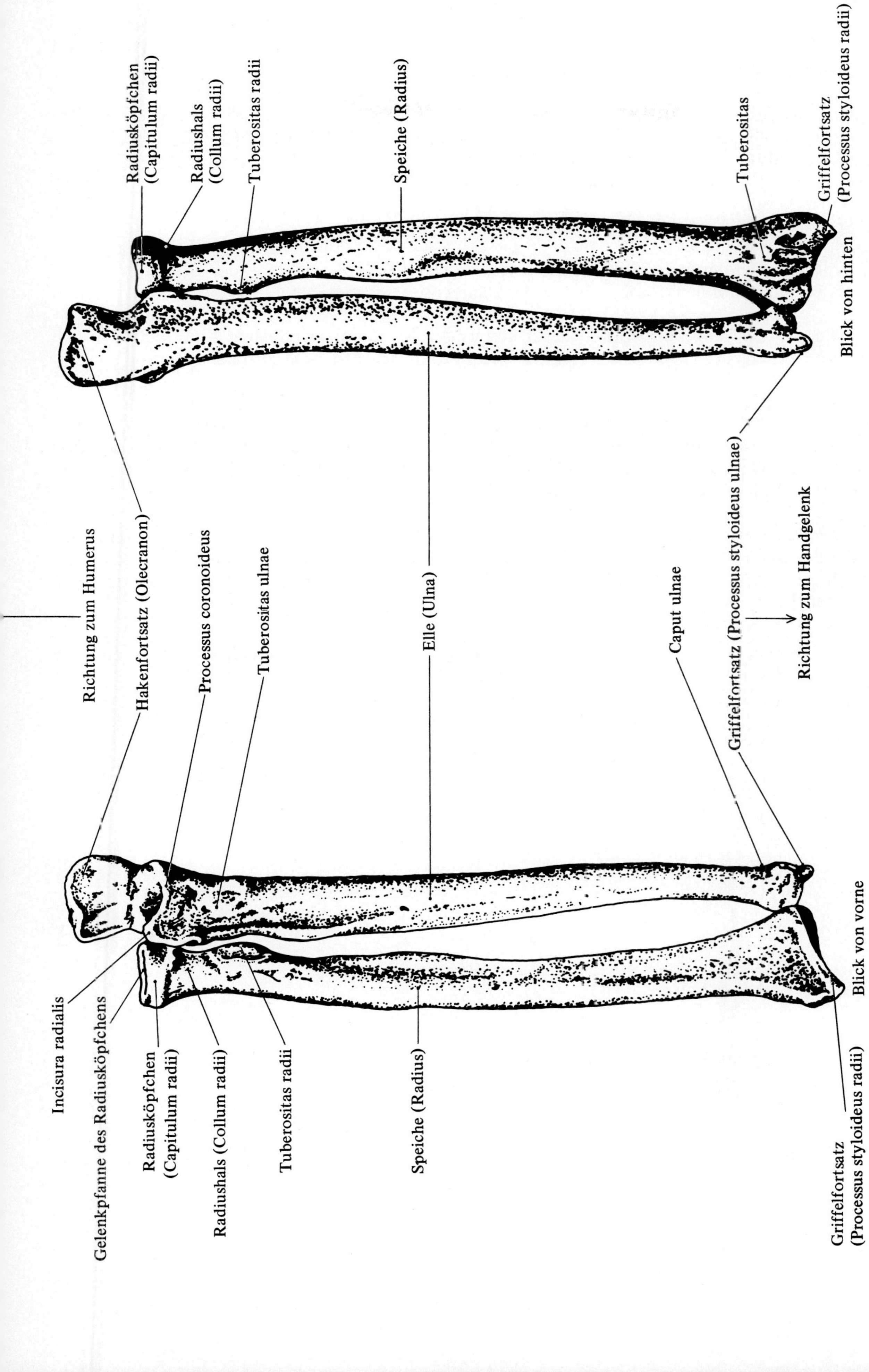

Abb. 21. Speiche (Radius) und Elle (Ulna).

(von S. 67)

Ihre Antwort: Der Oberarmkopf (Caput humeri).

Richtig! Der Humerus steht an seinem proximalen (körpernahen) Ende über seinen Kopf mit dem Schulterblatt (Scapula) in gelenkiger Verbindung. Distal (körperfern) artikuliert der Humerus über das Capitulum mit dem Radius und über die Trochlea mit der Ulna.

Die Speiche (Radius) und die Elle (Ulna)

Der Unterarm wird von zwei Knochen gebildet: Der Ulna, die sich auf der Seite des kleinen Fingers befindet und dem Radius, der an der Daumenseite liegt (s. Abb. 21).

Die Ulna ist der längere Knochen des Unterarmes. An ihrem proximalen Ende befindet sich posterior (hinten) der Processus olecrani, anterior (vorn) der Processus coronoideus.

Die Ulna zeigt zwei Einbuchtungen – an der Vorderseite die Incisura trochlearis und an der seitlichen Oberfläche die Incisura radialis. Das distale Ende wird von einem abgerundeten Kopf und einem deutlich vorspringenden Dorn, dem Griffelfortsatz gebildet. Proximal steht die Ulna mit Radius und Humerus in gelenkiger Verbindung. Distal artikuliert sie mit den Handwurzelknochen über eine faserknorpelige Scheibe (Discus).

Wie Abb. 21 zeigt, läuft der Radius parallel zur Ulna auf der Daumenseite des Unterarmes. Proximal artikuliert das Radiusköpfchen mit dem Capitulum des Humerus und mit der Ulna im Bereich ihrer Incisura radialis. Distal artikuliert der Radius mit den Handwurzelknochen und dem Kopf der Ulna.

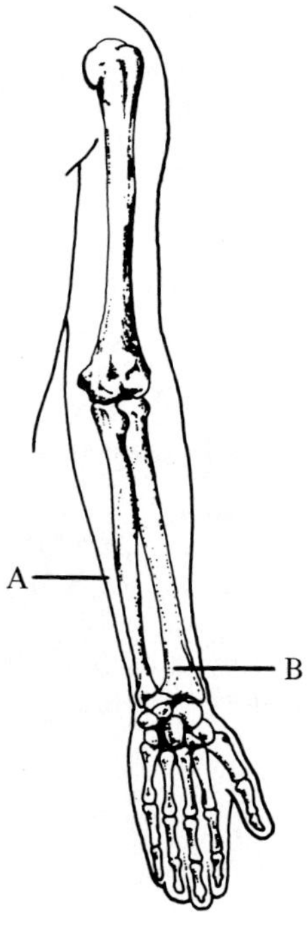

Frage: Welche Knochen in der Zeichnung auf der linken Seite sind mit A und B bezeichnet?

a) der mit A bezeichnete Knochen ist der Radius, der mit B bezeichnete die Ulna → S. 73

b) der mit A bezeichnete Knochen ist die Ulna, der mit B bezeichnete der Radius → S. 74

(von S. 67)

Ihre Antwort: Das Capitulum.

Sie irren sich. Das Capitulum artikuliert *nicht* mit der Scapula. Es artikuliert dagegen mit dem Radius, einem Knochen des Unterarmes. Bitte kehren Sie zu S. 67 zurück und wiederholen Sie den Stoff, bevor Sie eine neue Antwort auswählen.

Schlagen Sie S. 67 auf.

(von S. 67)

Ihre Antwort: Die Trochlea.

Sie irren sich. Die Trochlea artikuliert *nicht* mit der Scapula. Sie steht vielmehr mit der Ulna, einem Knochen des Unterarmes, in gelenkiger Verbindung. Kehren Sie bitte zu S. 67 zurück und wiederholen Sie den Stoff, bevor Sie eine neue Antwort auswählen.

Schlagen Sie S. 67 auf.

(von S. 70)

Ihre Antwort: Der mit A bezeichnete Knochen ist der Radius, der mit B bezeichnete die Ulna.

Sie irren sich. Der mit A bezeichnete Knochen ist *nicht* der Radius sondern die Ulna. Dementsprechend kann der mit B bezeichnete nicht die Ulna sein, wie Sie meinten; es handelt sich vielmehr um den Radius. Sie sollten sich einprägen, daß der Radius auf der Daumenseite und die Ulna auf der Kleinfingerseite liegt.

Wenn Sie wiederholen wollen, schlagen Sie bitte S. 70 auf, sonst S. 74.

(von S. 70)

Ihre Antwort: Der mit A bezeichnete Knochen ist die Ulna, der mit B bezeichnete der Radius.

Richtig! Der mit A bezeichnete, auf der Kleinfingerseite gelegene Knochen ist die Ulna; der mit B bezeichnete, auf der Daumenseite gelegene der Radius.

Frage: Ergänzen Sie die fehlenden Wörter in der folgenden Aufstellung. Die Ulna artikuliert proximal mit (1) .... und (2) ...., distal mit einer faserknorpeligen (3) .... im Bereich des Handgelenkes.

a) (1) Humerus, (2) Radius, (3) Scheibe → S. 76

b) (1) Olecranon, (2) Handwurzelknochen, (3) Griffelfortsatz → S. 77

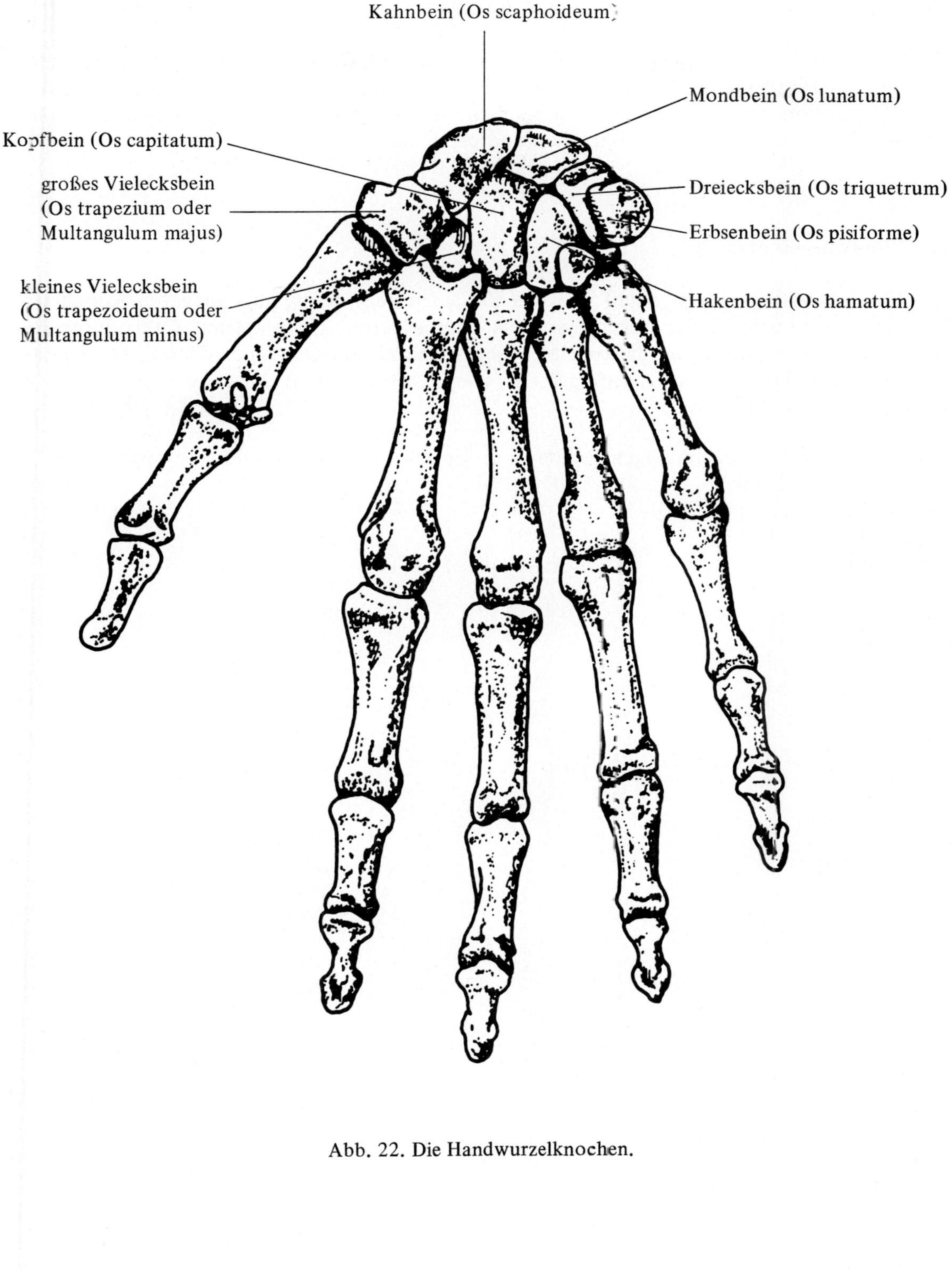

Abb. 22. Die Handwurzelknochen.

(von S. 74)

Ihre Antwort: (1) Humerus, (2) Radius, (3) Scheibe.

Richtig! Die Ulna artikuliert proximal mit Humerus und Radius, distal mit einer faserknorpeligen Scheibe im Handgelenk. Auch der Radius hat proximal zwei gelenkige Verbindungen, eine mit dem Capitulum des Humerus, die andere mit der Incisura radialis der Ulna. Distal artikuliert der Radius mit den Handwurzelknochen und der Ulna.

Die Handwurzelknochen

Die Handwurzel besteht aus acht, in zwei Reihen unregelmäßig angeordneten Knochen (s. Abb. 22). Die proximale Reihe besteht aus Os scaphoideum, Os lunatum, Os triquetrum und Os pisiforme. Die distale Reihe besteht aus Os trapezium und Os trapezoideum, Os capitatum und Os hamatum. Die an der Kleinfingerseite beobachtete Vorwölbung der Handwurzel ist durch das Os pisiforme bedingt.

Frage: In wieviel unregelmäßigen Reihen sind die acht Handwurzelknochen angeordnet?

a) 2 Reihen → S. 79

b) 4 Reihen → S. 80

(von S. 74)

Ihre Antwort: (1) Olecranon, (2) Handwurzelknochen, (3) Griffelfortsatz.

Sie irren sich. Die Ulna artikuliert proximal mit Humerus und Radius, distal mit einer faserknorpeligen Scheibe am Handgelenk. Aus Ihrer Antwort folgt, daß Sie den Stoff über den Unterarm noch nicht sicher beherrschen.

Wenn Sie wiederholen wollen, schlagen Sie bitte S. 74 auf, sonst S. 76.

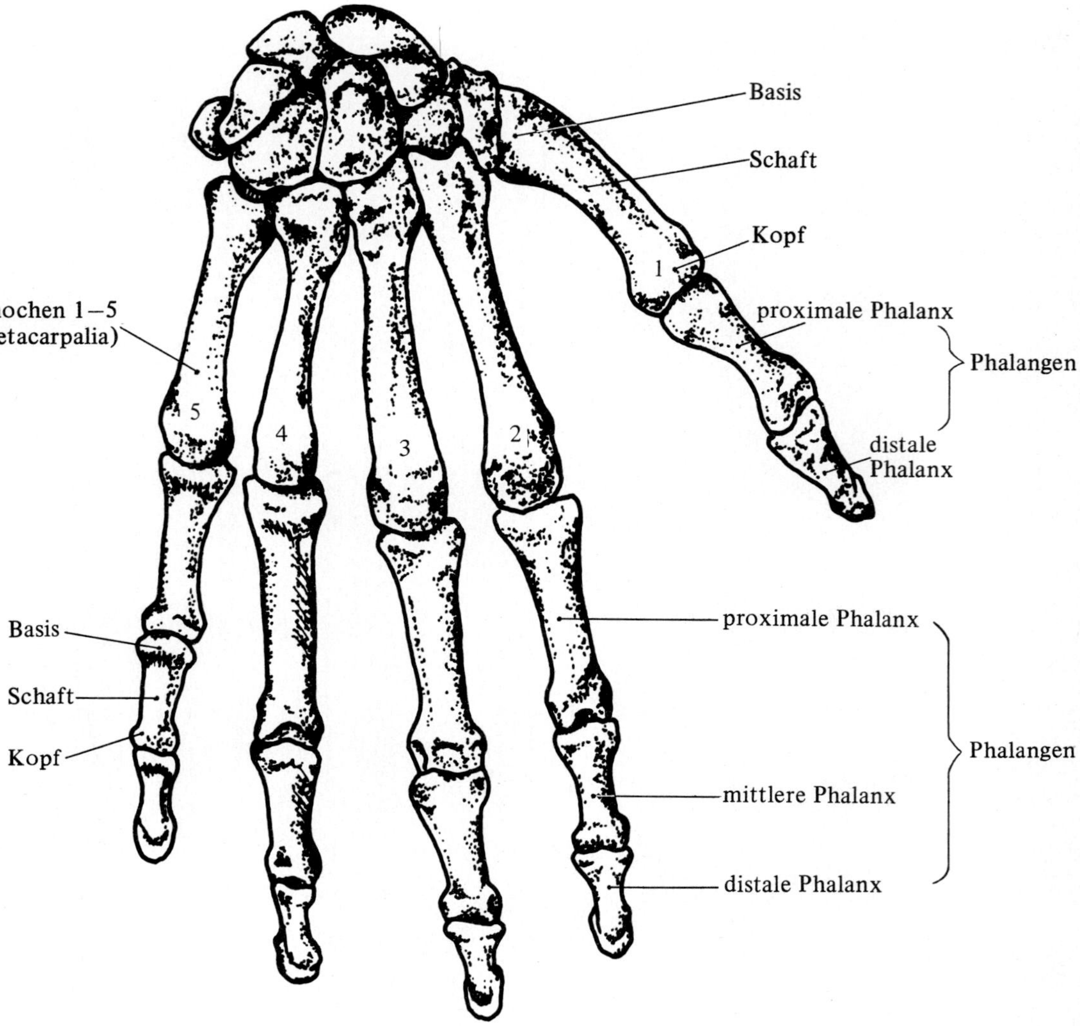

Abb. 23. Die Knochen der Hand.

(von S. 76)

Ihre Antwort: 2 Reihen.

Richtig! Die Handwurzelknochen sind in zwei unregelmäßigen Reihen, zu denen je vier Knochen zählen, angeordnet.

Die Knochen der Hand

Die Handfläche wird aus fünf Mittelhandknochen (Ossa metacarpalia) gebildet, von denen sich jeder in Basis, Schaft und Kopf unterteilt. Diese Mittelhandknochen gehen von der Handwurzel aus und stehen mit den proximalen Phalangen der Finger in gelenkiger Verbindung. Außer dem Daumen besteht jeder Finger aus drei Phalangen, einer proximalen, einer mittleren und einer distalen Phalanx. Der Daumen hat nur zwei Phalangen.

Frage: Welche Knochen bilden die Handfläche?

a) Handwurzelknochen → S. 81

b) Mittelhandknochen → S. 83

(von S. 76)

Ihre Antwort: 4 Reihen.

Sie irren sich. Die Handwurzel besteht aus 8 Knochen, die in 2 und *nicht* in 4 unregelmäßigen Reihen angeordnet sind. Studieren Sie gründlich den Aufbau der Handwurzel in der folgenden Zeichnung.

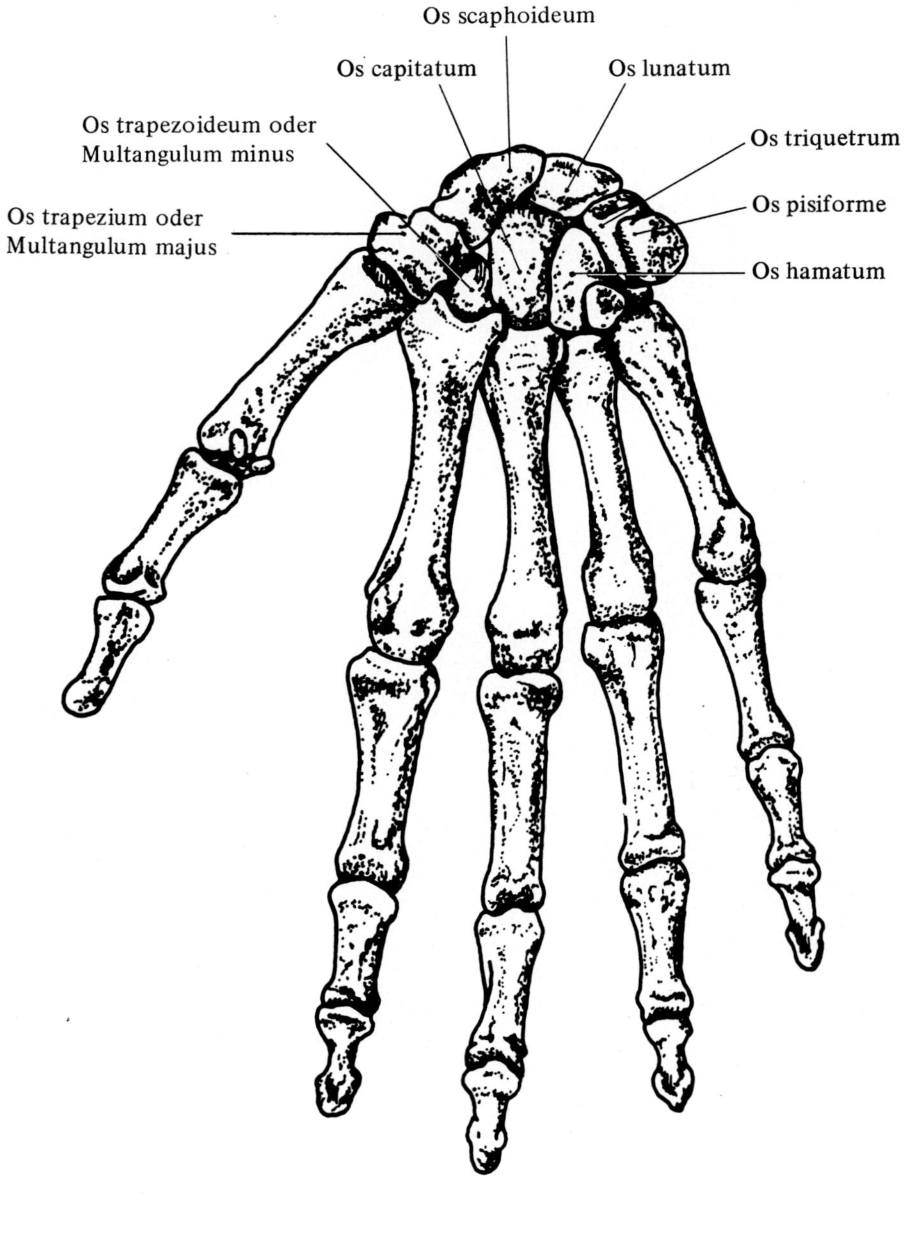

Bitte schlagen Sie jetzt S. 79 auf und fahren Sie mit dem Programm fort.

(von S. 79)

Ihre Antwort: Handwurzelknochen.

Sie irren sich. Die Handwurzelknochen befinden sich im Bereich der Handwurzel, *nicht* im Bereich der Handfläche. Die Knochen, die die Handfläche bilden, sind die Mittelhandknochen. Es gibt fünf von ihnen, von denen sich jeder in eine Basis (sie liegt zur Handwurzel hin), einen Schaft oder Körper und einen Kopf, der den Fingern zugekehrt liegt, unterteilt. Arbeiten Sie bitte den Aufbau der Hand nach der untenstehenden Zeichnung durch.

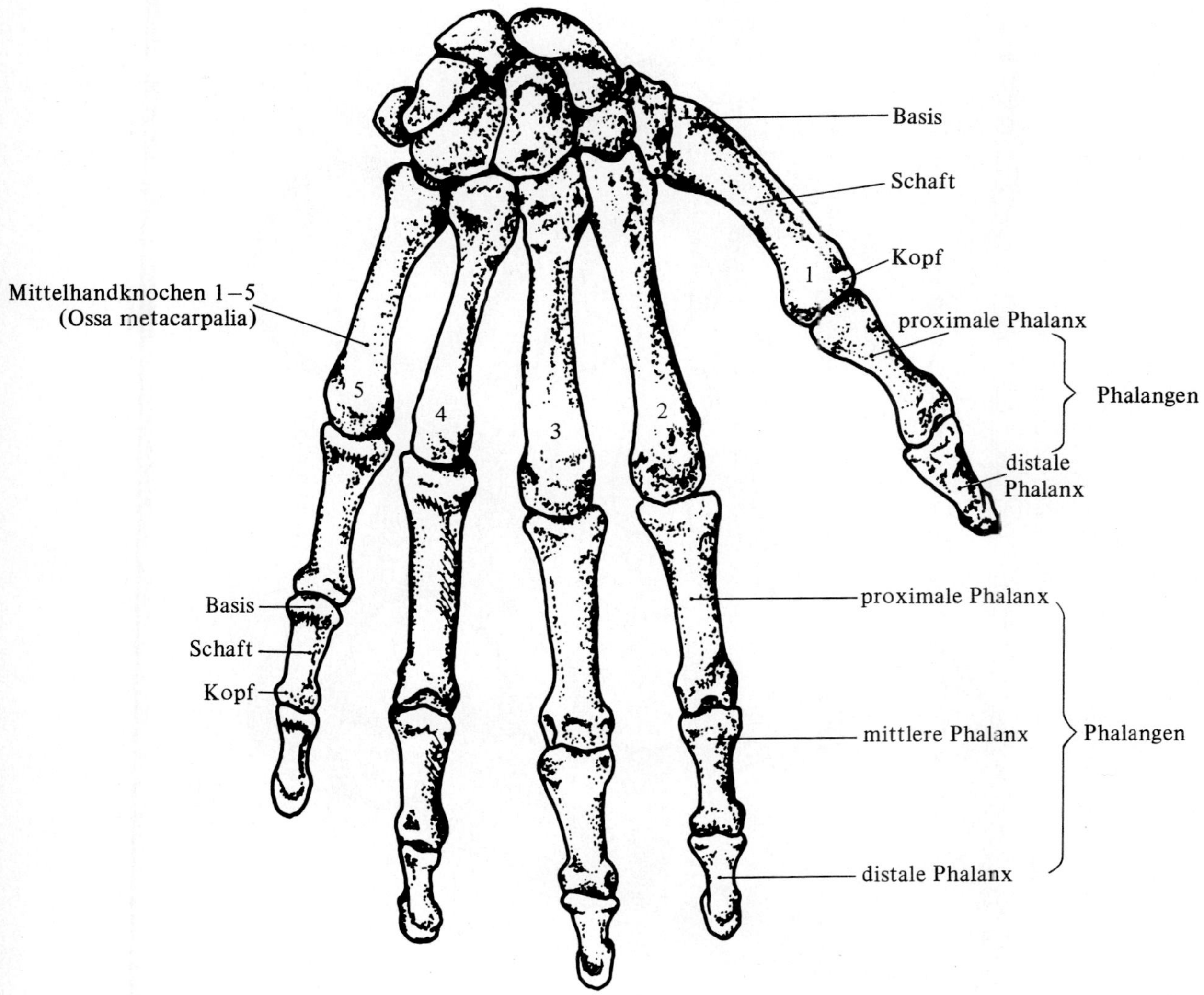

Bitte schlagen Sie S. 83 auf und fahren Sie mit dem Programm fort.

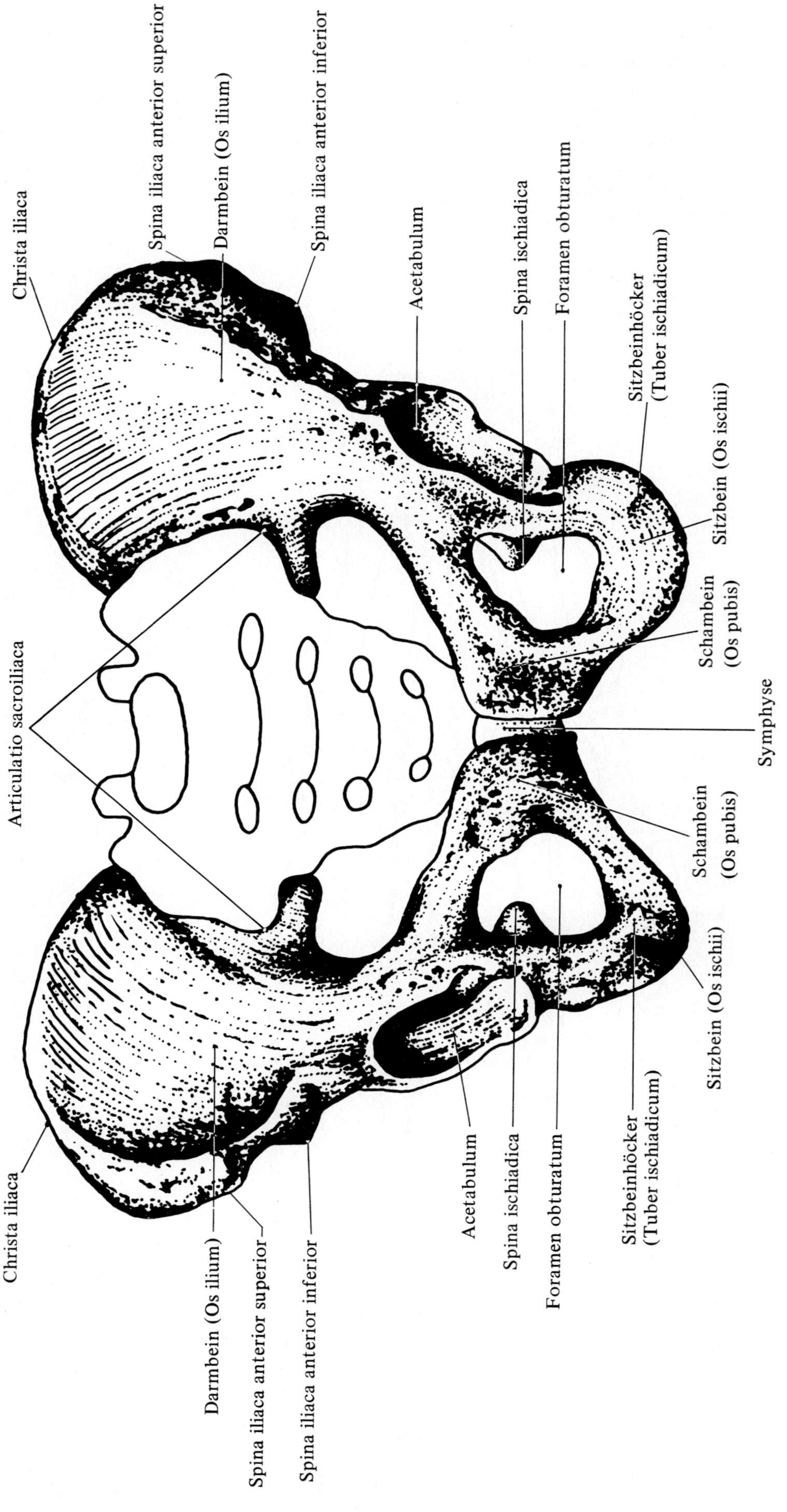

Abb. 24. Das Becken.

(von S. 79)

Ihre Antwort: Mittelhandknochen.

Richtig! Die Handfläche wird durch fünf Mittelhandknochen gebildet, von denen sich jeder in eine Basis, einen Körper oder Schaft und einen Kopf unterteilt.

Knochen der unteren Extremität

Zur unteren Extremität rechnet man die Hüftknochen, den Oberschenkelknochen, die Unterschenkelknochen und die Fußknochen.

Die Hüftknochen

Die Hüftknochen sind große, unregelmäßige Knochen, die ihrerseits aus drei anderen Knochen, nämlich dem Darmbein (Os ilium), dem Sitzbein (Os ischii) und dem Schambein (Os pubis) bestehen (s. Abb. 24). Diese drei Knochen sind fest miteinander verwachsen, und beim Erwachsenen kann man keine Begrenzungslinien zwischen ihnen erkennen. Die wesentlichen Formmerkmale der Hüfte sind der Darmbeinkamm, das Acetabulum, das Foramen obturatum und die Incisura ischiadica major. Wie Abb. 24 zeigt, wird das Darmbein durch den Darmbeinkamm, der in der Spina iliaca anterior superior endet, nach oben begrenzt. Kurz unterhalb der Spina superior befindet sich ein kleinerer Knochenvorsprung, die Spina iliaca inferior. Die tiefe Gelenkpfanne wird Acetabulum genannt. Sie wird gemeinsam von Darmbein, Sitzbein und Schambein gebildet und nimmt den Oberschenkelkopf auf. Die große Öffnung, die durch Sitzbein und Schambein gebildet wird, nennt man Foramen obturatum. Dieser Raum wird von einer bindegewebigen Membran verschlossen, an der auf beiden Seiten Muskeln ihre Ursprünge haben. Durch diese Aussparung wird das Becken leichter. Eine weitere Funktion kommt dem Foramen obturatum nicht zu. Hinten sind die Hüftknochen mit dem Kreuzbein im Kreuz-/Darmbein-Gelenk (Ileo-Sacralgelenk) verbunden, um so das Becken zu bilden. Im Ileo-Sacralgelenk sind kaum Bewegungen möglich. Es ist von starken Bändern umgeben, die ein Abkippen des Beckens nach vorn verhindern. Vorn sind die Schambeine über die Symphyse durch Faserknorpel verbunden und bilden den Schambeinbogen. Bei der Frau ist dieser Bogen weiter und die Beckenhöhle geräumiger als beim Mann.

Frage: Welcher der folgenden Begriffe bezeichnet die tassenähnliche Vertiefung, in welcher der Oberschenkelkopf liegt?

a) Acetabulum → S. 84

b) Foramen obturatum → S. 85

(von S. 83)

Ihre Antwort: Acetabulum.

Richtig! Die Pfanne für den Oberschenkelkopf stellt eine tiefe, tassenähnliche Einbuchtung dar, die Acetabulum genannt wird. Diese Vertiefung liegt an der äußeren Oberfläche der Hüfte und wird gemeinsam von Darmbein, Sitzbein und Schambein gebildet.

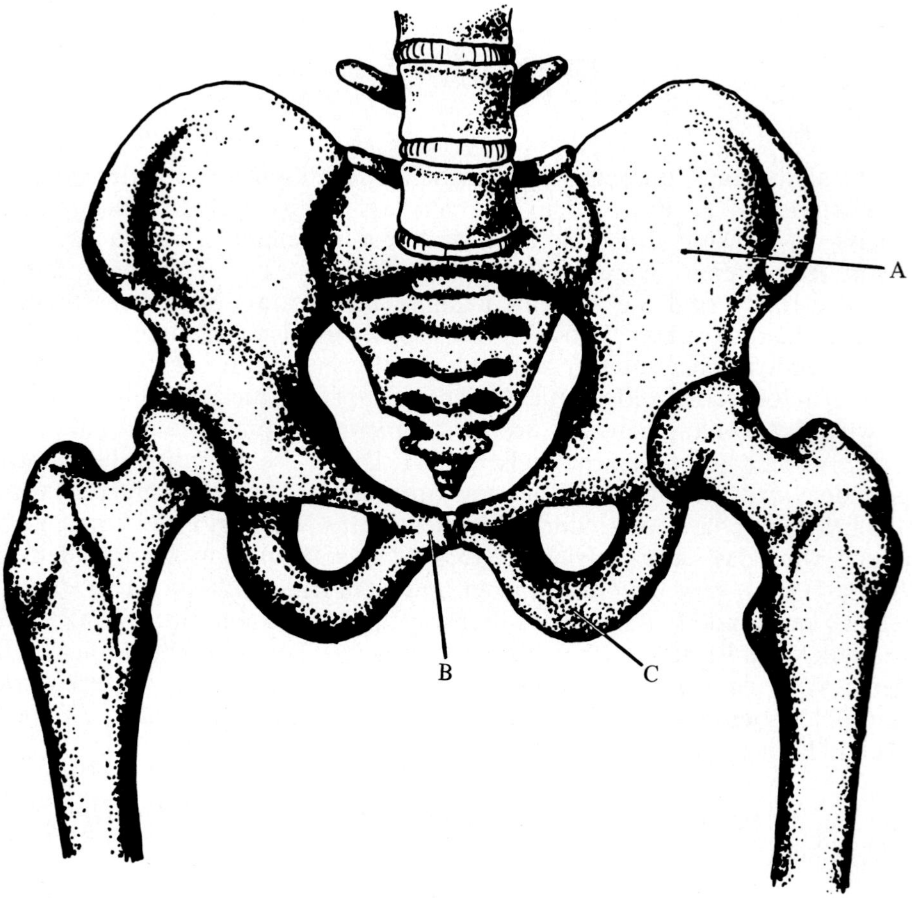

Frage: Identifizieren Sie die in der oben stehenden Abbildung mit A, B und C bezeichneten Knochen.

a) der mit A bezeichnete Knochen ist das Sitzbein, der mit B bezeichnete das Acetabulum und der mit C bezeichnete das Darmbein → S. 86

b) der mit A bezeichnete Knochen ist das Darmbein, der mit B bezeichnete das Schambein und der mit C bezeichnete das Sitzbein → S. 88

c) der mit A bezeichnete Knochen ist das Sitzbein, der mit B bezeichnete das Schambein und der mit C bezeichnete das Darmbein → S. 89

(von S. 83)

Ihre Antwort: Foramen obturatum.

Sie irren sich. Der Oberschenkelkopf liegt *nicht* im Foramen obturatum. Das Foramen obturatum ist keine Vertiefung im Sinne der Frage. Es ist vielmehr das größte Foramen des Körpers. Beim Menschen ist es mit Bindegewebe verschlossen.

Wenn Sie diesen Stoff wiederholen wollen, schlagen Sie bitte S. 83 auf, sonst S. 84.

(von S. 84)

Ihre Antwort: Der mit A bezeichnete Knochen ist das Sitzbein, der mit B bezeichnete das Acetabulum und der mit C bezeichnete das Darmbein.

Sie irren sich. Keiner der benannten Knochen wurde in Ihrer Antwort richtig erkannt. Bitte kehren Sie zu Abb. 24 auf S. 82 zurück, wiederholen Sie den Stoff und versuchen Sie dann, die Frage auf S. 84 richtig zu beantworten.

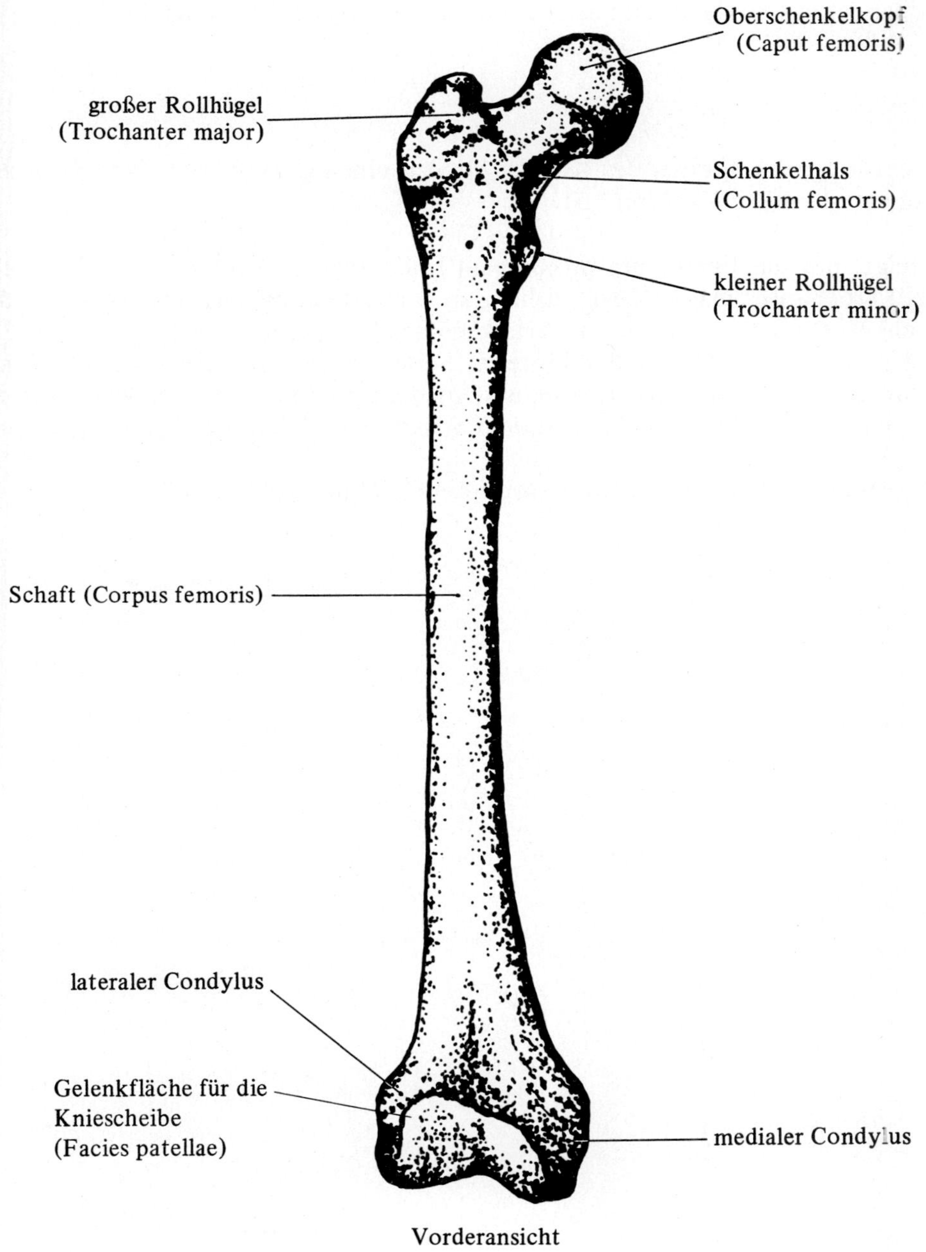

Abb. 25. Der Oberschenkelknochen (Femur).

(von S. 84)

Ihre Antwort: Der mit A bezeichnete Knochen ist das Darmbein, der mit B bezeichnete das Schambein und der mit C bezeichnete das Sitzbein.

Richtig! Sie haben die bezeichneten Knochen richtig erkannt. Der oberste Knochen ist das Darmbein, welches die charakteristische Form der Hüfte bildet. Der mit B bezeichnete Knochen, der oberhalb und etwas vor dem Sitzbein liegt, ist das Schambein. Der gebogene, mit C bezeichnete Knochen ist das Sitzbein. Das Sitzbein ist der kräftigste Anteil des Beckens.

Der Oberschenkelknochen (Femur)

Das Femur ist der längste Knochen des Körpers. Er hat einen glatten, kugeligen Kopf am oberen Ende, der im Acetabulum liegt (s. Abb. 25).

Wie Abb. 25 zeigt, hat das Femur am proximalen Ende zwei charakteristische Vorsprünge; der große Rollhügel (Trochanter major) liegt seitlich, an ihm setzen die Gesäßmuskeln an; der kleine Rollhügel (Trochanter minor) ist nach einwärts gekehrt. Der Femurschaft ist rund und glatt bis auf die Linea aspera, eine Leiste an der hinteren Seite, an der Muskeln ansetzen. Am distalen Ende des Femur befindet sich der laterale und mediale Condylus. Diese Knochenvorsprünge artikulieren mit der Kniescheibe (Patella) und dem Schienbein (Tibia) des Unterschenkels.

Frage: An welchem Punkt des Oberschenkels setzt die Gesäßmuskulatur an?

a) Linea aspera → S. 90

b) Trochanter major → S. 91

(von S. 84)

Ihre Antwort: Der mit A bezeichnete Knochen ist das Sitzbein, der mit B bezeichnete das Schambein und der mit C bezeichnete das Darmbein.

Sie irren sich. Zumindest soweit es das Sitzbein und Darmbein betrifft. Sie haben diese beiden Knochen in Ihrer Antwort verwechselt. Der mit A bezeichnete Knochen ist das Darmbein, der mit B bezeichnete das Schambein und der mit C bezeichnete das Sitzbein. Arbeiten Sie bitte noch einmal die Knochengebilde, wie sie in der folgenden Zeichnung dargestellt werden, durch.

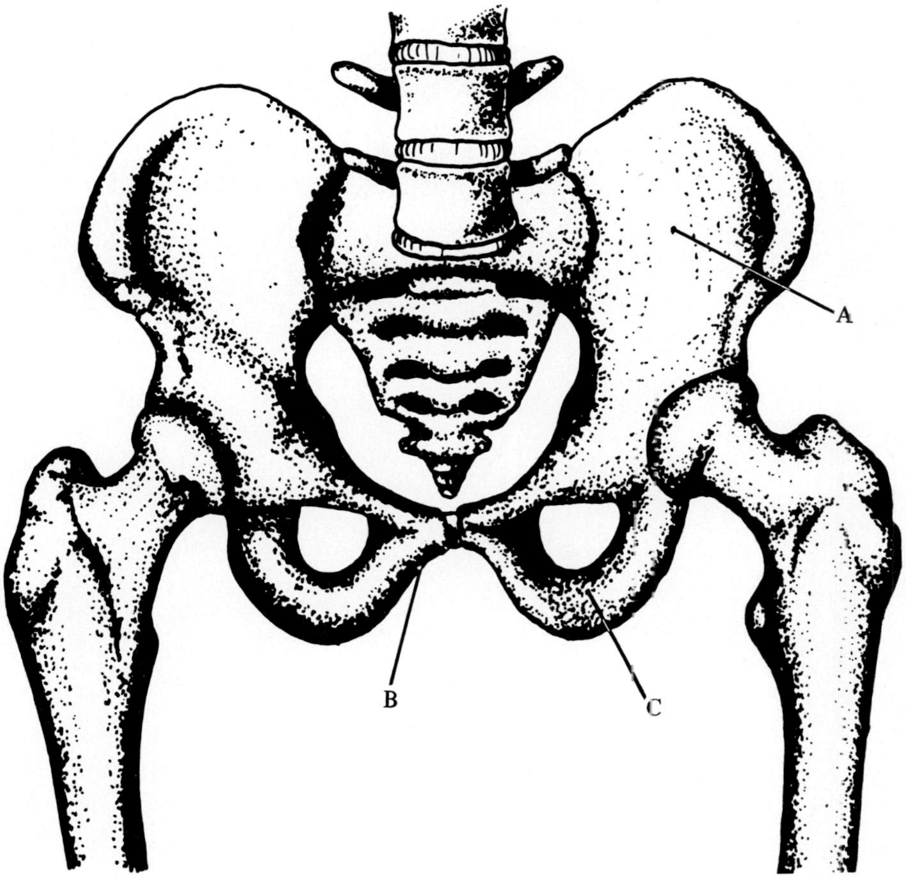

Bitte fahren Sie auf S. 88 mit dem Programm fort.

(von S. 88)

Ihre Antwort: Linea aspera.

Sie irren sich. Die Linea aspera ist nicht der Ansatzpunkt für die Gesäßmuskulatur. An der Linea aspera entspringt die Muskulatur des Oberschenkels. Bitte überarbeiten Sie das Material von S. 88 und wählen Sie dann die richtige Antwort.

Kehren Sie zu S. 88 zurück.

(von S. 88)

Ihre Antwort: Trochanter major.

Richtig! Die Gesäßmuskulatur (Glutealmuskulatur) setzt am Trochanter major an.

Frage: Mit welchen der folgenden Knochen der unteren Extremität artikulieren die lateralen und medialen Condylen?

a) Tibia und Patella → S. 93

b) Tibia und Fibula → S. 94

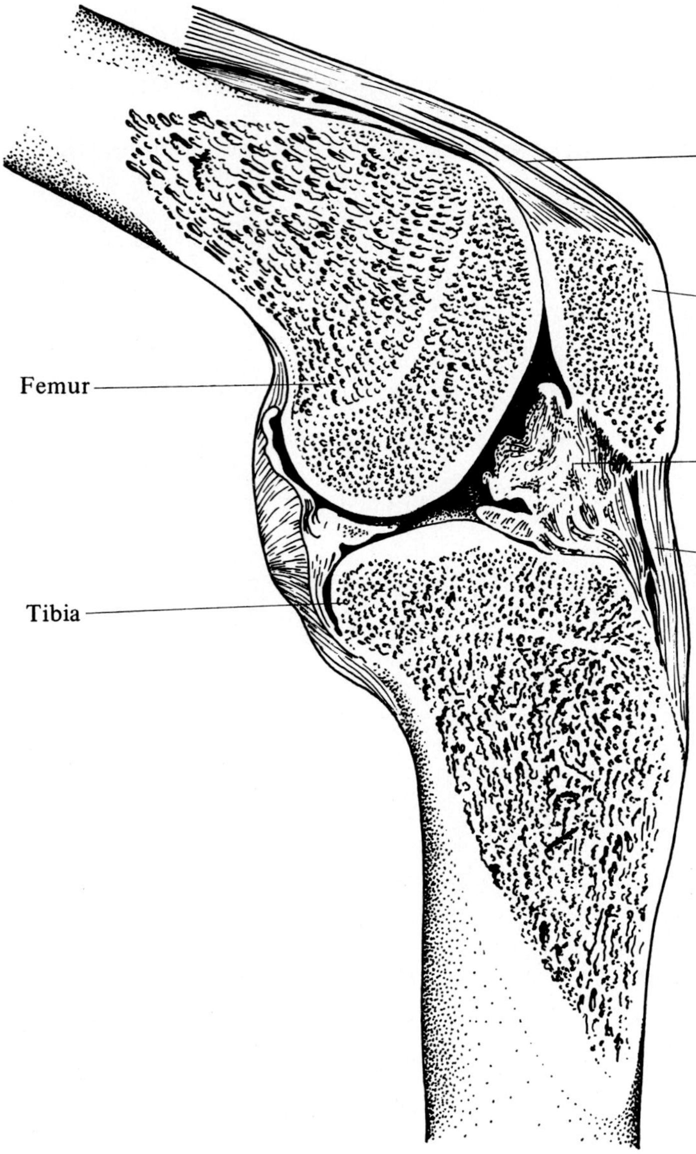

Abb. 26. Längsschnitt durch das Kniegelenk.

(von S. 91)

Ihre Antwort: Tibia und Patella.

Richtig! Die lateralen und medialen Condylen artikulieren mit Tibia und Patella.

Die Kniescheibe (Patella)

Die Patella oder Kniescheibe liegt auf der Knievorderseite, eingebettet in die Sehne des M.quadriceps femoris (s. Abb. 26). Bei Streckung des Kniegelenkes wird die Patella nach vorne gebracht, so daß sich die Patellaumrisse deutlich abzeichnen. Wird das Knie dagegen gebeugt, so sinkt die Patella in die Gelenkhöhle des Kniegelenks ein und ist somit weniger leicht erkennbar. Die hintere Patellaoberfläche artikuliert mit dem unteren Ende des Femur.

Frage: Welche der folgenden Aussagen über die Patella trifft am ehesten zu?

a) bei Kniebeugung sinkt die Patella in die Gelenkhöhle des Kniegelenks → S. 96

b) bei Kniebeugung hebt sich die Patella aus der Gelenkhöhle des Kniegelenks heraus → S. 97

(von S. 91)

Ihre Antwort: Tibia und Fibula.

Sie irren sich – zumindest teilweise. Die lateralen und die medialen Condylen artikulieren mit der Tibia und der Patella. Die Fibula artikuliert mit der Tibia – *nicht* mit den Condylen.

Wenn Sie diesen Stoff wiederholen wollen, schlagen Sie bitte S. 88 auf, sonst S. 93.

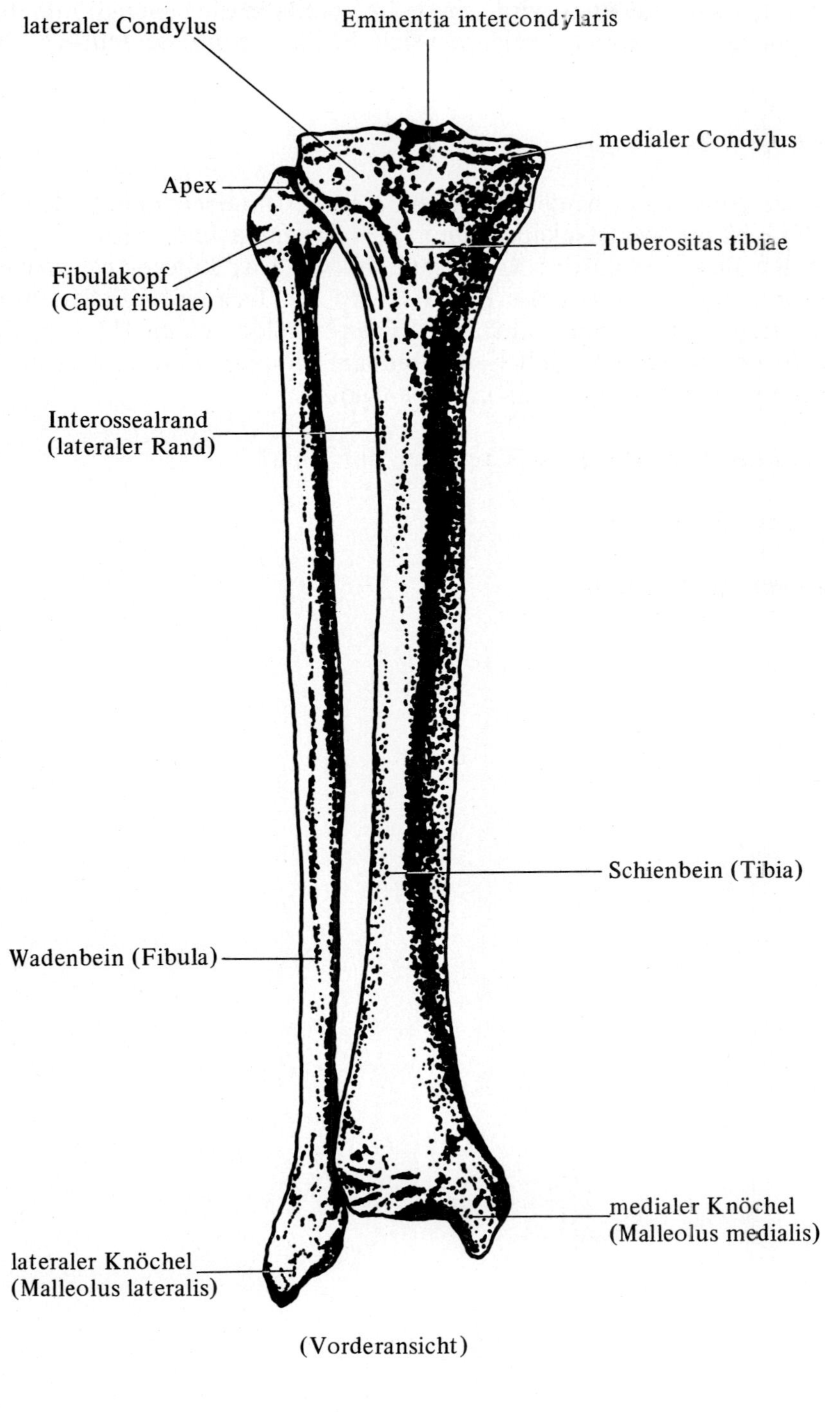

Abb. 27. Schienbein (Tibia) und Wadenbein (Fibula).

(von S. 93)

Ihre Antwort: Bei Kniebeugung sinkt die Patella in die Gelenkhöhle des Kniegelenks.

Richtig! Wenn das Knie gebeugt wird, sinkt die Patella in die Gelenkhöhle des Kniegelenks. Wird dagegen das Kniegelenk gestreckt, zeichnen sich die Patellaumrisse deutlich ab.

Das Schienbein (Tibia)

Die Tibia ist der größere der beiden Knochen, die den Unterschenkel bilden. Das proximale Ende ist verdickt und bildet zwei Gelenkflächen, den lateralen und medialen Condylus, die mit den beiden Condylen des Femurs das Kniegelenk bilden. Das Kniegelenk ist das größte Gelenk des Menschen. Durch die Condylen des Femurs wird die Last des Körpers auf die Gelenkflächen der Tibia übertragen. Das innere distale Tibiaende bildet einen Höcker, den Malleolus tibiae. Dies ist der an der inneren Knöchelseite fühlbare Höcker. Lateral artikuliert die Tibia mit der Fibula sowohl am oberen als auch am unteren Ende.

Frage: Welche Aufgaben erfüllen die Condylen der Tibia?

a) sie gelenken mit der Fibula → S. 98

b) sie übernehmen die Körperlast → S. 99

(von S. 93)

Ihre Antwort: Bei Kniebeugung hebt sich die Patella aus der Gelenkhöhle des Kniegelenks heraus.

Sie irren sich. Wenn das Knie gebeugt wird, verschwindet die Patella in der Gelenkhöhle des Kniegelenks und verliert ihre Außenkonturen.

Bitte fahren Sie auf S. 86 mit dem Programm fort.

(von S. 96)

Ihre Antwort: Sie gelenken mit der Fibula.

Sie irren sich. Nur der laterale Condylus trägt eine Gelenkfläche für die Fibula, der mediale Condylus ist an diesen Gelenk nicht beteiligt.

Beide Condylen gemeinsam bilden mit dem Femur das Kniegelenk und übertragen die Körperlast auf die Tibia.

Bitte fahren Sie auf S. 99 mit dem Programm fort.

(von S. 96)

Ihre Antwort: Sie übernehmen die Körperlast.

Richtig! Im Kniegelenk, das vom Femur und beiden Condylen der Tibia gebildet wird, erfolgt die Übertragung der Körperlast auf die Tibia.

Das Wadenbein (Fibula)

Die Fibula (s. Abb. 27) ist ein graziler Knochen, der parallel zur Tibia verläuft. Das obere Ende reicht nicht bis zum Kniegelenk, sondern artikuliert mit der Tibia über deren verbreiterten Kopf. Distal endet die Fibula in einem Höcker, dem Malleolus fibulae (der Höcker an der Außenseite des Fußgelenkes). Die Fibula artikuliert an ihrem unteren Ende mit Tibia und Talus (einem Knochen des Fußgelenkes).

Frage: Welches ist der distale Endpunkt der Fibula?

a) Malleolus fibulae → S. 101

b) Malleolus tibiae → S. 102

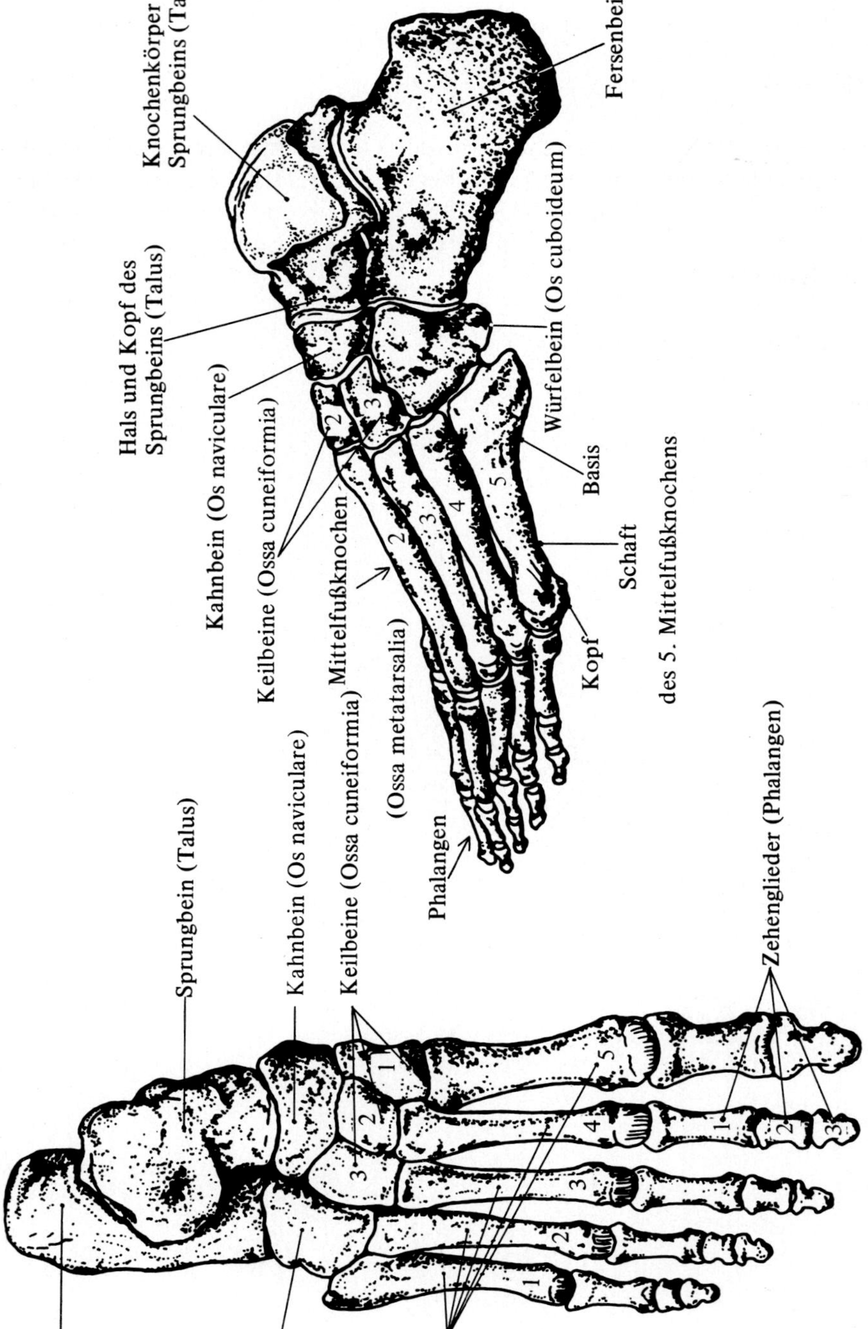

Abb. 28. Seiten- und Dorsalansicht der Fußknochen.

(von S. 99)

Ihre Antwort: Malleolus fibulae.

Richtig! Die Fibula endet distal im Malleolus fibulae und bildet dabei den Höcker an der Außenseite des Fußgelenkes.

Die Fußknochen

Die Fußknochen werden in drei Gruppen eingeteilt: Die Ossa tarsalia (oder Fußwurzelknochen), die Ossa metatarsalia (oder Mittelfußknochen) und die Phalangen oder Digiti pedis.

Die Fußwurzel (Tarsus)

Der Tarsus wird von sieben unregelmäßigen Knochen, den Ossa tarsalia, gebildet, die in einem Vor- und einem Rückfuß angelegt sind.

Der Rückfuß umfaßt das Fersenbein (Calcaneus), das Sprungbein (Talus), das Kahnbein (Os naviculare) und das Würfelbein (Os cuboideum). Der Calcaneus ist der größte Knochen des Rückfußes und bildet die Ferse. Der Talus liegt schräg über dem Calcaneus mit nach vorn in Richtung Großzehe gerichtetem Kopf.

Der Vorfuß wird von den Ossa cuneiformia (drei an der Zahl), den Ossa metatarsalia und den Phalangen gebildet. Jeder Fuß zählt fünf Metatarsalknochen. Dies sind lange Knochen mit Basis, Schaft und Kopf. Mit Ausnahme der Großzehe, die nur zwei Phalangen hat, haben alle Zehen drei Phalangen. Somit hat jeder Fuß 14 Zehenknochen.

Frage: Die Fußknochen umfassen:

a) 5 Ossa tarsalia, 7 Ossa metatarsalia und 14 Phalangen → S. 103

b) 7 Ossa tarsalia, 5 Ossa metatarsalia und 14 Phalangen → S. 104

(von S. 99)

Ihre Antwort: Malleolus tibiae.

Sie irren sich. Die Fibula endet distal (Richtung Fußgelenk) im Malleolus fibulae und bildet den Höcker an der äußeren Seite des Fußgelenkes. Bitte wiederholen Sie den Lehrstoff auf S. 99, ehe sie mit dem Programm fortfahren.

Schlagen Sie S. 99 auf.

(von S. 101)

Ihre Antwort: 5 Ossa tarsalia, 7 Ossa metatarsalia und 14 Phalangen.

Sie irren sich. Die Fußknochen umfassen 7 Ossa tarsalia, 5 Ossa metatarsalia und 14 Phalangen.

Mit diesem Lernschritt ist Ihr Studium des Skeletts abgeschlossen. Bearbeiten Sie bitte die kurze Zusammenfassung auf S. 105, ehe Sie den Abschlußtest beantworten.

Bitte schlagen Sie zur Wiederholung S. 105 auf.

(von S. 101)

Ihre Antwort: 7 Ossa tarsalia, 5 Ossa metatarsalia und 14 Phalangen.

Richtig! Die Fußknochen umfassen 7 Ossa tarsalia, 5 Ossa metatarsalia (jeder durch Bänder mit der ersten Phalanx einer jeden Zehe verbunden) und 14 Phalangen.

Mit diesem Lernschritt ist Ihr Studium des Skeletts abgeschlossen. Bearbeiten Sie bitte die kurze Zusammenfassung auf S. 105, ehe Sie den Abschlußtest beantworten.

Bitte lesen Sie zur Wiederholung S. 105.

Das Skelett – eine Wiederholung

Das Skelett bildet den Hauptstützapparat des Körpers. Seine Funktionen sind: Ermöglichung der Körperbewegung, Stützung der Körpergewebe, Schutz lebenswichtiger Organe und Hämatopoese (Blutbildung). Das Skelett besteht aus 206 Knochen, die sich auf Achsen- und Anhangskelett verteilen. Das Achsenskelett umfaßt Schädel, Wirbelsäule, Rippen, Brustbein und Zungenbein, das Anhangskelett die oberen und unteren Extremitäten. Knochen werden durch Osteoblasten gebildet. Bei der Knochenbildung unterscheidet man den anfänglichen Mineralisationsprozeß, Kalzifikation genannt, und die tatsächliche Bildung des Knochens, die Ossifikation. Der menschliche Körper hat zwei Knochenarten, kompakte und spongiöse (schwammige) Knochen. Kompakter Knochen ist stark und dicht; spongiöser Knochen zeigt ein schwammiges Aussehen. Die Lamellen (konzentrische Schichten mineralischer Ablagerung) umgeben kleine Kanäle (*Havers*sche Kanäle), die in Längsrichtung des Knochens verlaufen. Jeder dieser Kanäle enthält Blutgefäße. Zwischen den Schichten in den Lamellen liegen die Osteozyten, die alle durch Zellfortsätze miteinander in Verbindung stehen und so Kontakt zu den *Havers*schen Kanälen erhalten. Über die *Havers*schen Kanäle wird der Knochen mit den wesentlichen Aufbaustoffen versorgt.

In den Röhren der langen Knochen liegt das gelbe Knochenmark; den Raum zwischen den Spongiosabälkchen füllt das rote Knochenmark aus. Rotes Mark bildet sowohl rote als auch weiße Blutzellen (Hämatopoese). Gelbes Mark besteht vorwiegend aus Fettzellen. Da der Knochen ein lebendes Gewebe ist, ist er einer beständigen Veränderung unterworfen; die Knochensubstanzen werden abgelagert und wieder rückresorbiert. Durch Rückresorption und Diffusion wird Calcium zwischen Knochen und Körperflüssigkeiten (vorwiegend Blut) ausgetauscht.

Im menschlichen Körper unterscheiden wir drei Arten von Knochen: Lange Röhrenknochen, z. B. Femur (bestehend aus langem Schaft und zwei unregelmäßigen Enden); kurze Knochen; platte (flache) Knochen, z. B. Sternum (bestehend aus einer inneren Schicht spongiösen Knochens, die von einer äußeren Schicht kompakten Knochengewebes umschlossen ist). Es gibt außerdem noch eine Anzahl von unregelmäßig geformten Knochen, die sich nicht genau einordnen lassen.

Bei der anatomischen Beschreibung von Knochen und Knochenstrukturen verwendet man folgende Termini: Processus (ein Fortsatz), Fossa (eine Grube), Spina (scharfe, schlanke Ausziehung), Condylus (abgerundete Vorwölbung an Gelenken), Trochanter (großer Hügel, als Ansatzpunkt für die Muskeln), Collum (ein verengter Teil oder Hals), Fissur (ein schmaler Spalt) und Foramen (eine Öffnung oder ein Loch, durch das Nerven, Blutgefäße oder Ligamente ziehen).

Das Achsenskelett umfaßt den Schädel (bestehend aus Hirn- und Gesichtsschädel, die Wirbelsäule (bestehend aus 7 Hals-, 12 Brust- und 5 Lendenwirbeln, außerdem dem Kreuz- und dem Steißbein), 12 Rippenpaare, das Brustbein und das Zungenbein (welches Ansatz für Zungen-, Mundboden- und Halsmuskeln bietet). Das Anhangskelett umfaßt die obere Extremität (Schulterblatt, Schlüsselbein, Arm und Hand) und die untere Extremität (Becken, Bein und Fuß).

Begriffserläuterungen

Acetabulum

Gelenkpfanne im Hüftknochen, die den Femurkopf aufnimmt.

Achsenskelett

Der die Knochen von Kopf, Hals und Rumpf umfassende Teil des Skeletts.

Anhangskelett

Die Extremitäten umfassender Teil des Skeletts.

Beckengürtel

Knochengerüst, das die Verbindung zwischen Rumpf und unterer Extremität herstellt. Zu ihm zählen das Hüftbein' (Os ilium, Os ischium, Os pubis) und das Kreuzbein, die durch das Ileo-Sacralgelenk verbunden werden.

Bursa

Kleiner geschlossener, mit Synovialmembran ausgekleideter Sack, der das Gleiten von Muskeln oder Sehnen über Knochen oder Bänder erleichtert.

Calcaneus

Größter Knochen des Rückfußes; er bildet die Ferse.

Clavicula

Schlüsselbein, langer dünner Knochen an der Halswurzel vor der ersten Rippe.

Columna vertebralis

Wirbelsäule; Längsachse oder Mittellinie des Körpers, bestehend aus 26 einzelnen Knochen, den Wirbeln, wobei das Kreuzbein (Os sacrum) durch Verschmelzung von 5 Kreuzbeinwirbeln und das Steißbein (Os coccygis) durch Verschmelzung von 4 Steißbeinwirbeln entstanden sind.

Condylus

Große Vorwölbung (Hügel) eines Knochens.

Costae

Die Rippen.

Cranium

Der knöcherne Schädel, der in Hirnschädel (Neurocranium) und Gesichtsschädel (Splanchnocranium) unterteilt wird.

Diaphyse

Schaft eines Knochens.

Epicondylus

Vorwölbung auf dem Condylus eines Knochens.

Epiphyse

Ende eines Knochens.

Femur

Oberschenkelknochen; längster und schwerster Knochen im Körper.

Fibula

Wadenbein; schlanker Knochen, parallel und lateral zur Tibia verlaufend.

Foramen

Natürliche Öffnung im Knochen, durch die Nerven, Gefäße, Bänder u.a. hindurchziehen können.

Foramen magnum

Öffnung an der Basis des Schädels, durch die das Rückenmark und andere Nerven und Gefäße hindurchtreten.

Foramen vertebrale

Zentrales Wirbelloch für den Durchtritt des Rückenmarkes.

Fossa

Rinnenförmige Vertiefung in einem Knochen.

Gelenk (Articulation, Diarthrose)

Verbindung zwischen Knochen, die eine Bewegung der Knochen gegeneinander ermöglicht. Es besteht aus Gelenkkopf, Gelenkpfanne, Gelenkhöhle und Gelenkkapsel.

Gelbes Mark

Fettgewebe in der Markhöhle eines langen Knochens.

Hämatopoese

Bildung von Blutzellen durch spezifisches Körpergewebe, wie z. B. rotes Mark.

Haverssche Kanäle

Kleine Kanäle, die in der Mitte einer Knochenlamelle verlaufen und Blutgefäße führen.

Humerus

Langer Knochen des Oberarmes.

Jochbein

Ein Gesichtsknochen; die beiden Jochbeine oder Ossa zygomatica bilden die Rundung der Wangen.

Knochennaht (Sutura)

Linie, an der Knochen miteinander verschmolzen sind.

Knorpel

Spezielles Stützgewebe, das an der Bildung des Skeletts beteiligt ist. Hyaliner Knorpel überzieht die Gelenkflächen.

Kompakter Knochen

Kompakta; hartes Knochengewebe, das die äußere Schicht des Knochens bildet.

Kopf

Caput; verdicktes und abgerundetes Ende eines Knochens.

Lamellen

Konzentrische, zylindrische Schichten der Knochenmatrix; umgeben die *Havers*schen Kanäle

Malleolus fibulae

Auch Malleolus lateralis, spitze Ausziehung am distalen Teil der Fibula, die den Außenknöchel des Fußgelenkes bildet.

Mandibula

Unterkieferknochen; längster und stärkster Gesichtsknochen.

Maxilla

Oberkieferknochen; die beiden Maxillae bilden den Oberkiefer.

Nasenbein

Ein Gesichtsknochen; die beiden Nasenbeine verbinden sich zur Nasenwurzel.

Ossa carpi

Knochen der Handwurzel.

Os coccygis

Steißbein; Knochen der Wirbelsäule, der durch Zusammenschluß von vier Wirbeln gebildet worden ist.

Os ethmoidale

Siebbein; Begrenzung der Nasenhöhle nach oben; ebenso beteiligt an der Bildung der Augenhöhlen.

Os hyoideum

Zungenbein; der einzige Knochen des Achsenskelettes, der mit keinem Nachbarknochen gelenkig oder fest verbunden ist. Er ist frei zwischen zahlreichen Muskeln aufgehängt.

Os lacrimale

Tränenbein; ein Gesichtsknochen. Die beiden Ossa lacrimalia bilden einen Teil der medialen Augenhöhle.

Ossa metacarpalia

Mittelhandknochen; Knochen im Bereich der Handfläche.

Ossa metatarsalia

Mittelfußknochen; verbinden die Fußwurzelknochen (Ossa tarsalia) mit den Fuß-Phalangen.

Os occipitale

Bildet Hinterhaupt und Schädelbasis; verbindet sich nach vorn mit dem Os parietale.

Os palatinum

Gaumenbein; ein Gesichtsknochen. Die paarigen Gaumenbeine bilden den hintern Teil der oberen Mundhöhle.

Os parietale

Scheitelbein; Schädelseitenwand und -dach bildender Knochen.

Os sacrum

Kreuzbein; einzelner Knochen im unteren Teil der Wirbelsäule, das Ergebnis der Verschmelzung von fünf Wirbeln.

Os sphenoidale

Keilbein; Knochen, der den vorderen Anteil der Schädelbasis bildet.

Os temporale

Schläfenbein; die beiden Schläfenbeine bilden einen Teil des Schädeldachs und der Schädelbasis.

Osteoblasten

Knochenbildende Zellen; produzieren kollagene Fasern und Grundsubstanz, in die Mineralsalze aus dem Blut eingelagert werden.

Osteoklasten

Große, vielkernige Knochenzellen in Aushöhlungen oder Vertiefungen der Oberfläche eines Knochens. Bewirken dessen ständigen Abbau (im Gleichgewicht mit seiner Neubildung).

Osteozyten

Knochenzellen in den tieferen Knochenschichten; es wird die Auffassung vertreten, daß es sich hier um reife Osteoblasten handelt.

Os zygomaticum

Jochbein; ein Gesichtsknochen. Die beiden Jochbeine bilden die Wölbung der Wangen und werden auch Backenknochen genannt.

Patella

Kniescheibe; kleiner, flacher, dem Kniegelenk vorgelagerter Knochen.

Periost

Knochenumgebende Bindegewebsschicht; enthält Blutgefäße, die das Knochengewebe ernähren.

Phalangen

Knochen der Finger und Zehen.

Radius

Kürzerer Knochen des Unterarms, lateral von der Ulna gelegen.

Rotes Mark

Blutbildendes Gewebe an den Enden der langen Röhrenknochen, in platten und kurzen Knochen.

Rückenmark

Von den Wirbelbögen eingeschlossener Teil des Nervensystems. Das Rückenmark ist nach unten die Verlängerung der Medulla oblongata, eines Gehirnteils, und endet unten etwa in Höhe des zweiten Lendenwirbels.

Scapula

Schulterblatt; großer flacher Knochen, der der dorsalen Thoraxwand aufliegt.

Schädel (Cranium)

Knöchernes Gerüst des Kopfes; besteht aus 29 unregelmäßig geformten Knochen.

Sinus

Luftgefüllte Hohlräume in den Schädelknochen.

Skelett

Knöcherner Stützapparat des Körpers.

Spina

Scharfe, schlanke Ausziehung eines Knochens.

Spongiöser Knochen

Knochen mit aufgelockerter Struktur aus Knochenbälkchen an den Enden der langen Röhrenknochen und in platten, kurzen und unregelmäßig geformten Knochen. Enthält rotes Mark und ist von einer Schicht kompakten Knochens umgeben.

Sternum

Brustbein; schwertförmiger Knochen, der die mediale Brustwand stützt.

Tarsus

Fußwurzel. Der Tarsus besteht aus einer Gruppe von sieben kurzen Knochen, vergleichbar den Ossa carpi des Handgelenkes.

Thorax

Teil des Rumpfes; gebildet aus Brustbein, Rippen, Rippenknorpel und Brustwirbeln.

Tibia

Schienbein; größerer der beiden Unterschenkelknochen.

Tuberculum

Kleiner Höcker am Knochen.

Ulna

Längerer der beiden Unterarmknochen.

Vomer

Ein Gesichtsknochen; bildet den unteren, hinteren Teil der Nasenscheidewand.

Wirbelsäule

Längsachse oder Mittellinie des Körpers; besteht aus 26 einzelnen Knochen, den Wirbeln.

Zwischenwirbelscheiben

Knorpelgewebe, das die Wirbel der Wirbelsäule miteinander verbindet.

Abschlußtest

Bevor Sie sich neuem Stoff zuwenden, sollten Sie sich der Mühe unterziehen, diesen Abschlußtest zu bearbeiten. An dem von Ihnen erzielten Ergebnis können Sie beurteilen, wieviel Sie über die Anatomie und Physiologie des Skeletts gelernt haben. Der Vergleich mit dem Ergebnis des Eingangstests zeigt Ihnen, wie wirksam Ihre Arbeit war. Die richtigen Antworten zum Test finden Sie am Ende des Heftes. Wenn Sie leere Einlegeblätter für Ihre Antworten benützen, können Sie Ihren Lernerfolg am besten prüfen.

1. Welcher Knochen verläuft parallel zur Fibula?

   a) Tibia
   b) Femur
   c) Ulna
   d) Humerus

2. Welcher der folgenden Begriffe kann als eine große Öffnung im Hüftknochen definiert werden?

   a) Foramen ischiadicum majus
   b) Foramen ischiadicum minus
   c) Kreuzbeinhöhle
   d) Foramen obturatum

3. Wo ist das Os ilium lokalisiert?

   a) im Brustkorb
   b) im Schädel
   c) in der Hüfte
   d) in der Wirbelsäule

4. Welcher der folgenden Knochen bildet den medialen Teil des Brustkorbes?

   a) Os ischii
   b) Sternum
   c) Hilus
   d) Os ilium

5. Das Skelett der Handfläche besteht aus:

a) 5 Ossa metacarpalia
b) 5 Ossa carpalia
c) 5 Ossa metatarsalia
d) 5 Ossa tarsalia

6. Wie lautet die anatomische Bezeichnung für Schulterblatt?

a) Clavicula
b) Manubrium
c) Processus xiphoideus
d) Scapula

7. Die Wirbel sind miteinander verbunden durch:

a) Zwischenwirbelscheiben
b) ligamentöses Gewebe
c) Fettpolster
d) zwischen den Wirbeln gelegene Schleimbeutel

8. Welcher der folgenden Knochen ist aus der Verschmelzung von fünf Wirbeln entstanden?

a) Atlas
b) Axis
c) Os coccygis
d) Os sacrum

9. Welche der folgenden Strukturen teilt die Nasenhöhlen in unregelmäßig geformte Gänge auf, die Meatus nasi genannt werden?

a) Conchae
b) Ampullae
c) Lamellae
d) Maxillae

10. Bursen sind kleine, mit Synovialmembran ausgekleidete Bindegewebssäcke; was enthalten sie?

a) fettgefüllte Gewebsfalten
b) visköse Flüssigkeit
c) lockeres Bindegewebe
d) hyalinen Knorpel

11. An welchem Knochen setzen die Zungenbodenmuskeln an ?

a) Os hyoideum
b) Os sphenoidale
c) Os zygomaticum
d) Os palatinum

12. Welcher der folgenden Knochen gehört zum Gesichtsschädel?

a) Os sphenoidale
b) Maxilla
c) Os parietale
d) Malleolus

13. Welcher der folgenden Knochen gehört zum Achsenskelett?

a) Sternum
b) Humerus
c) Tibia
d) Femur

14. Welches ist der wichtigste Knochen der Nase?

a) Os sphenoidale
b) Vomer
c) Os palatinum
d) Os ethmoidale

15. Was erleichtert das Gleiten von Muskeln und Sehnen auf Knochen oder Bändern ?

a) Synovia
b) Osteozyten
c) Condylen
d) Bursae

16. Für welchen Gelenktyp sind Hüft- und Schultergelenk Beispiele?

a) Scharniergelenk
b) Drehgelenk
c) Kugelgelenk
d) Gleitgelenk

17. Durch welchen Gelenktyp wird die Bewegung des Atlas auf der Axis ermöglicht?

a) Scharniergelenk
b) Drehgelenk
c) Kugelgelenk
d) Eigelenk

18. Welches der genannten Gebilde ermöglicht Bewegungen wie Beugung und Drehung?

a) Gelenk
b) Synchondrose
c) Syndesmose
d) Zwischenwirbelscheibe

19. In welchem der genannten Gebilde befindet sich Synovialflüssigkeit?

a) in einer Synchondrose
b) in einem Gelenk
c) in einer Syndesmose
d) in einer Zwischenwirbelscheibe

20. Der Auf- und Abbau eines Knochens ist:

a) ein kontinuierlicher Prozeß
b) nur im hohen Alter zu beobachten
c) ein Anzeichen für Calciummangel
d) Symptom einer Stoffwechselerkrankung

21. Welche Zellen bauen Knochen auf, indem sie Grundsubstanz bilden, in die Calciumsalze aus dem Blut eingelagert werden?

a) Osteoklasten
b) Osteoblasten
c) Osteophyten
d) Osteozyten

22. Knochengewebe besteht vorwiegend aus:

a) organischen Stoffen (Knochenzellen und Blutgefäße)
b) organischen Stoffen (rotes und gelbes Mark)
c) anorganischen Stoffen (Mineralsalze)
d) anorganischen Stoffen (intrazelluläres Wasser)

23. Der Begriff Diaphyse bezeichnet:

a) den Schaft eines Knochens
b) die Kompakta eines Knochens
c) die Spongiosa eines Knochens
d) das Ende eines Knochens

24. Die Enden eines langen Knochens enthalten meist ein spongiöses Gewebe; in dieses ist eingelagert:

a) rotes Knochenmark
b) gelbes Knochenmark
c) graue Substanz
d) weiße Substanz

25. Welche der folgenden Funktionen wird von einem speziellen Gewebe im Knochen erfüllt?

a) Produktion von Hormonen, die für den Calcium-Phosphor-Stoffwechsel erforderlich sind
b) Produktion von Mineralsalzen, die für die Körperfunktionen gebraucht werden
c) Bildung von roten und weißen Blutzellen
d) Schutz des subkutanen Gewebes vor Beschädigungen

26. Eine Vertiefung in einem Knochen wird .... genannt.

27. Der Prozeß der Blutzellenbildung im Knochenmark wird .... genannt.

28. Bei der anatomischen Beschreibung von Knochen wird eine scharfe schlanke Ausziehung .... genannt.

29. Eine Öffnung oder ein Loch im Knochen zum Durchtritt von Nerven, Blutgefäßen oder Ligamenten heißt ....

30. Handwurzelknochen und Fußwurzelknochen sind Beispiele für den .... Typ von Knochen.

31. Die .... sind konzentrische Schichten von Knochengewebe, die die *Havers*schen Kanäle umgeben.

32. Ein . . . . ist eine abgerundete Knochenvorwölbung, die an Gelenken gefunden wird.

33. Zwischen den Schichten der Knochenlamellen liegen . . . ., die untereinander durch Zellfortsätze in feinen Kanälchen verbunden sind, die letztlich in die *Havers*schen Kanäle einmünden.

34. An ihrem unteren (distalen) Ende bilden Fibula und . . . . ein Gelenk mit dem . . . .

35. Der Stoffaustausch zwischen Knochengewebe und Blutgefäßen erfolgt durch . . . .

36. Bei der anatomischen Beschreibung von Knochen wird ein Vorsprung . . . . genannt.

37. Die Muskeln des Gesäßes setzen am Femur im Bereich des . . . . an.

38. Die Knochen des Fußes werden in drei Gruppen eingeteilt: . . . ., ... und . . . .

39. Die Fibula endet distal in einem Vorsprung, der . . . . heißt.

40. Die . . . . ist ein schlanker Knochen, der parallel zur Tibia verläuft.

41. Der . . . . bildet die Ferse.

42. Die Bildung von Knochengewebe bezeichnet man als . . . .

43. Die Ulna artikuliert proximal (d. h. ist rumpfwärts durch Gelenk verbunden) mit . . . . und . . . .

44. Jeder Finger (mit Ausnahme des Daumens) hat . . . . Phalangen.

45. Der größere der beiden Unterschenkelknochen heißt ....

46. Das .... ist der längste Knochen des Körpers.

47. Die untere Extremität wird gebildet aus ...., ..., ...,
.............., ... und ....

48. Die beiden Hüftbeine (Ossa coxae) sind mit dem Kreuzbein (Os sacrum) im Ileo-Sacral-gelenk verbunden und schließen damit den ....

49. Die Schambeine sind auf der Vorderseite durch die Symphyse verbunden und bilden so den ....

50. Trochanter major und minor sind Strukturen, die am .... gefunden werden.

51. Beschreiben Sie die Hauptfunktionen des Skeletts.

....

....

....

52. Wieviele Gelenkarten werden aufgrund ihrer Struktur unterschieden und wie heißen sie?

....

....

....

....

....

....

53. Wie werden die Knochen ernährt? Geben Sie eine kurze Beschreibung.

....

....

....

54. Beschreiben Sie einen typischen Knochen.

....

....

....

55. Welche Arten von Knochenverbindungen unterscheiden wir? Was ist das Charakteristische an ihnen?

....

....

....

56. Beschreiben Sie die knöcherne Struktur der Hand.

....

....

....

57. Beschreiben Sie Lage und Funktion der Schleimbeutel.

....

....

....

58. Beschreiben Sie die Hauptmerkmale eines Eigelenkes.

....

....

....

59. Beschreiben Sie die Hauptmerkmale der Wirbelsäule.

....

....

....

60. Beschreiben Sie die Einteilung der Knochen des Achsenskeletts.

....

....

....

61. Was befindet sich in dem zentralen Hohlraum eines Knochens?

....

62. Wo findet man spongiöses Knochengewebe?

....

63. Welcher Teil des Knochens wird Diaphyse genannt?

....

64. Welcher Teil des Knochens besteht aus kompaktem Knochengewebe?

....

65. Was befindet sich in dem spongiösen Knochengewebe an den Enden der Knochen?

....

66. Wie heißt das Bauelement des Skeletts, das zwei Knochen beweglich miteinander verbindet?

....

67. Welche Teile des Knochens werden Epiphysen genannt?

....

68. Knochen werden nach ihrer Form in vier Gruppen eingeteilt. Wie heißen sie?

....

69. Welche Knochenart besteht aus zwei Schichten kompakten Knochenmaterials, zwischen denen eine dünne Schicht Spongiosagewebe liegt?

....

70. Welches Gewebe bedeckt die äußere Oberfläche des Knochens?

....

71. Ein Wirbel ist ein Beispiel für welchen Knochentyp?

....

72. Wieviele Knochen hat das menschliche Skelett?

....

73. Welche Arten von Zellen finden wir im Knochengewebe?

....

74. Aus wievielen Hauptteilen besteht das menschliche Skelett, wie heißen sie?

....

75. Welche beiden Knochen bilden den Unterarm?

....

76. Welche Gebilde erleichtern das Gleiten von Muskeln oder Sehnen über Knochen oder Bänder?

....

77. Zu welchem Teil des Skeletts gehören die Ossa tarsalia?

. . . .

78. Welcher Knochen des Achsenskeletts ist nur durch Muskeln und Bänder mit anderen Knochen verbunden?

. . . .

79. Welcher Knochen formt die Wangenregion?

. . . .

80. Welcher Knochen ist der größte und stärkste Gesichtsknochen?

. . . .

81. Zu welchem Teil des Skeletts gehören die Schädelknochen?

. . . .

82. Welches sind die wichtigsten Knochen des Gesichts?

. . . .

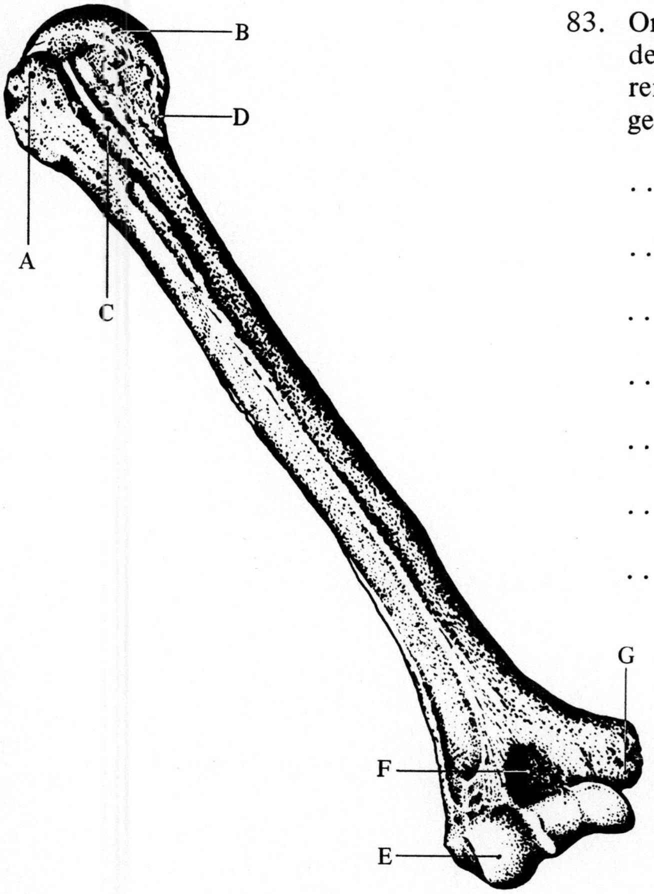

83. Ordnen Sie die Buchstaben der nebenstehenden Abbildung eines typischen langen Röhrenknochens dem entsprechenden unten aufgeführten Begriff zu.

. . . . Fossa

. . . . Tuberculum

. . . . Capitulum

. . . . Caput

. . . . Sulcus

. . . . Collum

. . . . Epicondylus

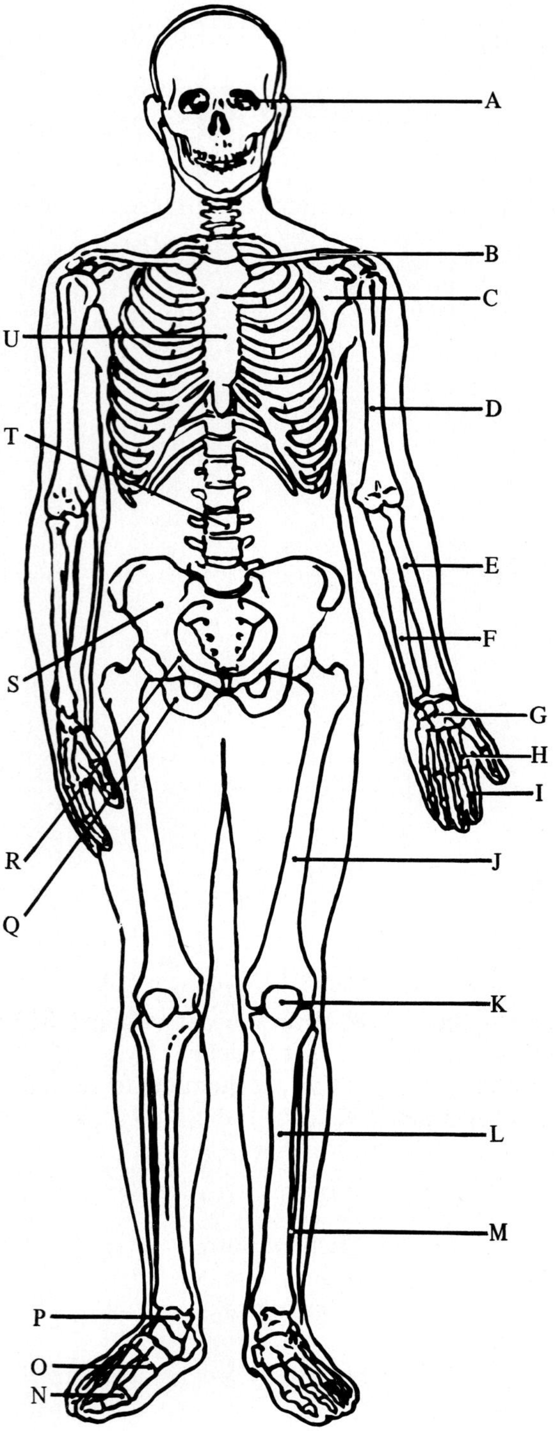

84. Wie heißen die in der Abbildung auf der linken Seite des Blattes mit A bis U bezeichneten Knochen?

A ....

B ....

C ....

D ....

E ....

F ....

G ....

H ....

I ....

J ....

K ....

L ....

M ....

N ....

O ....

P ....

Q ....

R ....

S ....

T ....

U ....

85. Nennen Sie fünf Hauptfunktionen des lebenden Knochengewebes.

a) .... d) ....

b) .... e) ....

c) ....

Ordnen Sie die Bezeichnungen in der linken Spalte der passenden Definition oder Beschreibung aus der rechten Spalte zu.

86. .... Skelett

87. .... spongiöser Knochen

88. .... *Havers*sche Kanäle

89. .... Osteoklasten

90. .... Hämatopoese

91. .... Gelenk (Articulation)

92. .... Bursae

93. .... Achsenskelett

94. .... Periost

95. .... Bindegewebe

96. .... Sutur

97. .... Sinus frontalis

98. .... Manubrium

99. .... Anhangskelett

100. .... Bursitis

a) Bindegewebsschicht, die dem Knochen Blutgefäße und Nerven zuführt

b) Bauelement des Skeletts, durch das zwei Knochen beweglich miteinander verbunden werden

c) Knochen von Kopf, Hals und Rumpf

d) vielkernige Knochenzellen, die für den Knochenabbau verantwortlich sind

e) Knochengewebe mit Bälkchenstruktur

f) wichtigste Stützstruktur des Körpers

g) Strukturen, die für die Ernährung des Knochengewebes wichtig sind

h) Knochenzellen in tieferen Schichten des Knochens

i) Bildung von Blutzellen

j) Absorption von Calcium und anderen Mineralsalzen

k) Strukturen, die das Gleiten von Muskeln oder Sehnen über Knochen und Bänder erleichtern

l) Entzündung der kleinen geschlossenen Säckchen, die zwischen Sehnen, Bändern und Knochen liegen

m) Knochen der Arme und Beine

n) Gewebe zur Stützung und Bindung anderer Gewebe

o) Nahtlinie der Schädelknochen

p) Gewebe, das die Gelenke auskleidet

q) der obere handgriffähnliche Teil des Sternums

r) Nasennebenhöhle im Stirnbein

s) knorpelige Spitze des Sternums

t) mit Bindegewebe, Gefäßen und Fett ausgefüllte Höhlung im Hüftknochen

u) äußere, harte Schicht des Knochens

Frage Nr.	richtige Antwort	Text-bezug (S.)
1	A Orbita	35
	B Clavicula	
	C Scapula	
	D Humerus	
	E Radius	
	F Ulna	
	G Ossa carpalia	
	H Ossa metacarpalia	
	I Phalangen	
	J Femur	
	K Patella	
	L Tibia	
	M Fibula	
	N Phalangen	
	O Ossa metatarsalia	
	P Ossa tarsalia	
	Q Os ischii	
	R Os pubis	
	S Os ilium	
	T Wirbel (Vertebrae)	
	U Sternum	
2	A Tuberculum	66
	B Caput	
	C Sulcus	
	D Collum	
	E Capitulum	
	F Fossa	
	G Epicondylus	
3	a) bildet den Ansatz für Muskeln	1
	b) stützt den Körper	
	c) schützt lebenswichtige Organe	
	d) ist der Ort der Blutzellbildung	
	e) dient als Speicherraum für Mineralien	

Frage Nr.	richtige Antwort	Text-bezug (S.)
4	gelbes Mark	5
5	rotes Mark	5
6	Knochenschaft und Außenschicht der Knochenenden	5
7	am Ende des Knochenschaftes	5
8	der Knochenschaft	5
9	die Knochenenden	5
10	Periost	8
11	Osteoblasten, Osteozyten und Osteoklasten	11
12	206	17
13	lange Knochen, kurze Knochen, platte (flache) Knochen, unregelmäßige Knochen	17
14	unregelmäßige Knochen	17
15	platte (flache) Knochen	17
16	Gelenk	21
17	Schleimbeutel (Bursae)	31
18	zwei; Anhang- und Achsenskelett	36
19	Achsenskelett	36
20	Anhangskelett	36
21	Maxilla und Mandibula	42
22	Mandibula	42
23	Jochbein (Os zygomaticum)	42
24	Zungenbein (Os hyoideum)	48
25	Radius und Ulna	70
26	Humerus und Radius	70
27	drei	79
28	Hüfte, Oberschenkel, Kniegelenk, Unterschenkel, Fußgelenk und Fuß	83
29	Schambeinbogen	83
30	Beckengürtel	83
31	Femur	83
32	Femur	83
33	Tibia	96

Frage Nr.	richtige Antwort	Text-bezug (S.)	Frage Nr.		Text-bezug (S.)
34	Fußwurzelknochen (Ossa tarsalia), Mittelfußknochen (Ossa metatarsalia) und Phalangen	101	67	a)	48
			68	a)	50
			69	d)	50
35	Calcaneus	101	70	b)	56
36	Fibula	99	71	d)	65
37	Trochanter major	88	72	a)	79
38	Malleolus	99	73	c)	83
39	Ossifikation	11	74	d)	83
40	Lamellen	8	75	a)	99
41	Diffusion	8	76	f)	104
42	Tibia, Talus	99	77	e)	5
43	Processus	67	78	g)	8
44	Condylus	17	79	d)	4
45	Osteozyten	8	80	i)	12
46	Spina	17	81	b)	21
47	Foramen	17	82	k)	31
48	Fossa	17	83	c)	36
49	kurzen	17	84	a)	8
50	Hämatopoese	12	85	n)	37
51	c)	1	86	o)	39
52	a)	5	87	r)	39
53	a)	5	88	q)	56
54	c)	8	89	m)	36
55	b)	11	90	l)	31
56	a)	11	91	Das Skelett bildet den Hauptstützapparat für den Körper; dadurch wird es dem Menschen ermöglicht, aufrecht zu stehen, komplexe Bewegungen auszuführen und – in Verbindung mit anderen Körpersystemen – seine Umwelt zu meistern. Die Knochen des Skeletts bieten außerdem die Ansatzpunkte für die Muskeln, schützen die lebenswichtigen Organe, sind der Ort der Blutzellbildung (Hämatopoese) und dienen als Speicherraum für die vom Körper benötigten Mineralsalze.	1
57	b)	21			
58	a)	21			
59	c)	26			
60	b)	26			
61	d)	31			
62	a)	36			
63	b)	42			
64	d)	42			
65	b)	31			
66	a)	42			

Frage Nr.	richtige Antwort	Textbezug (S.)
92	Ein typischer Knochen ist ein Hohlzylinder aus Knochengewebe. In seinem Inneren befindet sich das fetthaltige gelbe Knochenmark. Die Knochenenden bestehen im Inneren aus spongiösem Knochen, der rotes Mark enthält. Dieser spongiöse Knochen ist seinerseits von der gleichen harten oder kompakten Rindenmasse umgeben, die die Außenseite des übrigen Knochens bildet.	5
93	Wie andere Gewebe ändert sich der Knochen ständig – durch Abbau und Neuaufbau – und setzt kontinuierlich gespeicherte Mineralien ins Blut frei im Austausch gegen lebenswichtige Nährstoffe. Dieser Austausch erfolgt über mikroskopisch kleine Kanäle, die Blut vom Periost zu den *Havers*schen Kanälen bringen. Diese Kanäle verlaufen in Längsrichtung des Knochens und erreichen über ein System feiner Verzweigungen die im Knochengewebe eingelagerten Osteozyten, deren Ausläufer in den Verzweigungen liegen. Diese Ausläufer übernehmen den Stofftransport von der Zelle zu den Blutgefäßen im *Havers*schen Kanal und umgekehrt.	8
94	Die 206 Knochen des menschlichen Skeletts werden im allgemeinen nach ihrer Form in vier Gruppen eingeteilt: a) lange Röhrenknochen wie die der Extremitäten (Femur, Tibia usw.); b) kurze Knochen	17
	wie in Hand- und Fußwurzel; c) platte (flache) Knochen wie die des Schädels und der Brust (Schädelknochen und Scapula); außerdem unregelmäßige Knochen, die in keine der vorher genannten Gruppen einzuordnen sind.	
95	Wir unterscheiden zwischen kontinuierlichen – Synarthrosen – und diskontinuierlichen Knochenverbindungen – Diarthrosen. Die Synarthrosen werden nach den verbindenden Geweben unterteilt in: Synchondrosen (Knorpel), Syndesmosen (Bindegewebe), Synostosen (Knochen). Sie gestatten keine nennenswerten Bewegungen. Ein Gelenk (Diarthrose) ermöglicht die Bewegung zweier Knochen gegeneinander. Es besteht aus Gelenkkopf, -panne, -höhle und -kapsel.	21
96	Ein Eigelenk ermöglicht Bewegungen in zwei zueinander rechtwinkligen Ebenen; es besteht aus einem ovalen Kopf, der in einer passenden Pfanne ruht. Ein Beispiel dafür ist das Handgelenk. Dieser Gelenktyp ermöglicht keine Rotation.	26
97	Bursen sind kleine, geschlossene, mit Synovialmembran ausgekleid. Säckchen. Sie enthalten einen dünnen Film visköser Synovialflüssigkeit und liegen zwischen Sehnen und Knochen. Bursen erleichtern das Gleiten von Muskeln oder Sehnen über Knochen und Bänder.	31
98	Zum Achsenskelett zählen die Knochen von Kopf, Hals und Rumpf mit folgender Verteilung:	36

Frage Nr.	richtige Antwort	Text-bezug (S.)	Frage Nr.	richtige Antwort	Text-bezug (S.)
	Schädel 29 Knochen Wirbel 26 Knochen Rippen und Sternum 25 Knochen Insgesamt 80 Knochen				
99	Die Wirbelsäule besteht aus 26 Einzelknochen, den Wirbeln, die durch Zwischenwirbelscheiben und Bänder miteinander eng verbunden sind, wodurch der Wirbelsäule als ganzes Bewegungen nach vorn, hinten und zur Seite ermöglicht werden.	50			
100	Die Handfläche umfaßt 5 Mittelhandknochen; jeder besteht aus Basis, Schaft und Kopf. Die Mittelhandknochen gehen strahlenförmig vom Handgelenk aus und artikulieren mit den proximalen Fingerphalangen. Jeder Finger (mit Ausnahme des Daumens) hat 3 Phalangen: eine proximale, eine mediale und eine distale oder Endphalanx. Der Daumen hat nur 2 Phalangen.	79			

Frage Nr.	richtige Antwort	Text-bezug (S.)	Frage Nr.	richtige Antwort	Text-bezug (S.)
1	a)	99	35	Diffusion	8
2	d)	83	36	Processus	67
3	c)	83	37	Trochanter major	88
4	b)	56	38	Fußwurzelknochen (Ossa tarsalia), Mittelfußknochen (Ossa metatarsalia) und Phalangen	101
5	a)	79			
6	d)	65			
7	a)	50	39	Malleolus	99
8	d)	50	40	Fibula	99
9	a)	42	41	Calcaneus	101
10	b)	31	42	Ossifikation	11
11	a)	48	43	Humerus und Radius	70
12	b)	42	44	drei	79
13	a)	36	45	Tibia	96
14	d)	42	46	Femur	83
15	d)	31	47	Hüfte, Oberschenkel, Kniegelenk, Unterschenkel, Fußgelenk u. Fuß	83
16	c)	26			
17	b)	26	48	Beckengürtel	83
18	a)	21	49	Schambeinbogen	83
19	b)	21	50	Femur	83
20	a)	11	51	Das Skelett bildet den Hauptstützapparat für den Körper; dadurch wird es dem Menschen ermöglicht, aufrecht zu stehen, komplexe Bewegungen auszuführen und – in Verbindung mit anderen Körpersystemen – seine Umwelt zu meistern. Die Knochen des Skeletts bieten außerdem die Ansatzpunkte für die Muskeln, schützen die lebenswichtigen Organe, sind der Ort der Blutzellbildung (Hämatopoese) und dienen als Speicherraum für die vom Körper benötigten Mineralsalze.	1
21	b)	11			
22	c)	8			
23	a)	5			
24	a)	5			
25	c)	1			
26	Fossa	17			
27	Hämatopoese	12			
28	Spina	17			
29	Foramen	17			
30	kurzen	17			
31	Lamellen	8	52	Man unterscheidet vier Gelenkarten: Scharniergelenk, Kugelgelenk, Eigelenk und Sattelgelenk.	26
32	Condylus	17			
33	Osteozyten	8			
34	Tibia, Talus	99			

Frage Nr.	richtige Antwort	Text-bezug (S.)
53	Wie andere Gewebe ändert sich der Knochen ständig – d. Abbau und Neuaufbau – und setzt kontinuierlich gespeicherte Mineralien ins Blut frei im Austausch gegen lebenswichtige Nährstoffe. Dieser Austausch erfolgt über kleine Kanäle, die Blut vom Periost zu den *Havers*schen Kanälen bringen. Diese Kanäle verlaufen in Längsrichtung des Knochens und erreichen über ein System feiner Verzweigungen die im Knochengewebe eingelagerten Osteozyten, deren Ausläufer in den Verzweigungen liegen. Diese Ausläufer übernehmen den Stofftransport von der Zelle zu den Blutgefäßen im *Havers*schen Kanal und umgekehrt.	8
54	Ein typischer Knochen ist ein Hohlzylinder aus Knochengewebe. Im Inneren befindet sich das fetthaltige gelbe Knochenmark. Die Knochenenden bestehen im Inneren aus spongiösem Knochen, der rotes Mark enthält. Dieser spongiöse Knochen ist seinerseits von der gleichen harten oder kompakten Rindenmasse umgeben, die die Außenseite des übrigen Knochens bildet.	5
55	Wir unterscheiden zwischen kontinuierlichen – Synarthrosen - und diskontinuierlichen Knochenverbindungen – Diarthrosen. Die Synarthrosen werden nach den verbindenden Geweben unterteilt in: Synchondrosen (Knorpel), Syndesmosen (Bindegewebe), Synostosen (Knochen). Sie gestatten keine nennenswerten Bewegungen. Ein Gelenk (Diarthrose) ermöglicht die Bewegung zweier Knochen gegeneinander. Es besteht aus Gelenkkopf, -pfanne, -höhle und -kapsel.	21
56	Die Handfläche umfaßt 5 Mittelhandknochen; jeder besteht aus Basis, Schaft und Kopf. Die Mittelhandknochen gehen strahlenförmig vom Handgelenk aus und artikulieren mit den proximalen Fingerphalangen. Jeder Finger (mit Ausnahme des Daumens) hat 3 Phalangen: eine proximale, eine mediale und eine distale oder Endphalanx. Der Daumen hat nur zwei Phalangen.	79
57	Bursen sind kleine, geschlossene, mit Synovialmembran ausgekleidete Säckchen. Sie enthalten einen dünnen Film visköser Synovialflüssigkeit und liegen zwischen Sehnen und Knochen. Bursen erleichtern das Gleiten von Muskeln oder Sehnen über Knochen und Bänder.	31
58	Ein Eigelenk ermöglicht Bewegungen in zwei zueinander rechtwinkligen Ebenen; es besteht aus einem ovalen Kopf, der in einer passenden Pfanne ruht. Ein Beispiel dafür ist das Handgelenk. Dieser Gelenktyp ermöglicht keine Rotation.	26

Frage Nr.	richtige Antwort	Textbezug (S.)
59	Die Wirbelsäule besteht aus 26 Einzelknochen, den Wirbeln, die durch Zwischenwirbelscheiben und Bänder eng miteinander verbunden sind, wodurch der Wirbelsäule als ganzes Bewegungen nach vorn, hinten und zur Seite ermöglicht werden.	50
60	Zum Achsenskelett zählen die Knochen von Kopf, Hals und Rumpf mit folgender Verteilung: Schädel 29 Knochen Wirbel 26 Knochen Rippen und Sternum 25 Knochen Insgesamt 80 Knochen	36
61	gelbes Mark	5
62	an den Enden des Knochenschaftes	
63	der Knochenschaft	5
64	Knochenschaft und Außenschicht der Knochenenden	5
65	rotes Mark	5
66	Gelenk	21
67	die Knochenenden	5
68	lange Knochen, kurze Knochen, platte (flache) Knochen und unregelmäßige Knochen	17
69	platte (flache) Knochen	17
70	Periost	8
71	unregelmäßige Knochen	17
72	206	17
73	Osteoblasten, Osteozyten und Osteoklasten	11
74	zwei; Anhang- und Achsenskelett	36
75	Radius und Ulna	70
76	Schleimbeutel (Bursae)	31
77	Anhangskelett	36
78	Zungenbein (Os hyoideum)	48

Frage Nr.	richtige Antwort	Textbezug (S.)
79	Jochbein (Os zygomaticum)	42
80	Mandibula	42
81	Achsenskelett	36
82	Maxilla und Mandibula	42
83	A Tuberculum B Caput C Sulcus D Collum E Capitulum F Fossa G Epicondylus	66
84	A Orbita B Clavicula C Scapula D Humerus E Radius F Ulna G Ossa carpalia H Ossa metacarpalia I Phalangen J Femur K Patella L Tibia M Fibula N Phalangen O Ossa metatarsalia P Ossa tarsalia Q Os ischii R Os pubis S Os ilium T Wirbel (Vertebrae) U Sternum	35
85	a) bildet den Ansatz für Muskeln b) stützt den Körper	1

Frage Nr.	richtige Antwort	Textbezug (S.)	Frage Nr.	richtige Antwort	Textbezug (S.)
	c) schützt lebenswichtige Organe				
	d) ist der Ort der Blutzellbildung				
	e) dient als Speicherraum für Mineralien				
86	f)	104			
87	e)	5			
88	g)	8			
89	d)	4			
90	i)	12			
91	b)	21			
92	k)	31			
93	c)	36			
94	a)	8			
95	n)	37			
96	o)	39			
97	r)	39			
98	q)	56			
99	m)	36			
100	l)	31			